SUPPLÉMENT
AU RECUEIL
DE PROCÉDÉS ET D'EXPÉRIENCES SUR LES TEINTURES SOLIDES

que nos Végétaux indigênes communiquent aux Laines & aux Lainages.

Par M. L. A. DAMBOURNEY, Négociant à Rouen; Membre de diverses Académies & Sociétés.

IMPRIMÉ ET PUBLIÉ PAR ORDRE DU GOUVERNEMENT, en l'année M. DCC. LXXXVI.

. . . . . . *Si quid novisti rectius istis,*
Candidus imperti : si non, his utere mecum.

HORAT.

A PARIS,

DE L'IMPRIMERIE DE PH.-D. PIERRES, Premier Imprimeur Ordinaire du Roi, &c. rue Saint-Jacques.

M. DCC. LXXXVIII.

AVERTISSEMENT

QUELQUES ſuccès, ayant récompenſé la continuation de mes recherches ſur la Teinture, l'ADMINISTRATION, qui me permettoit de l'en informer, a daigné deſirer que je rédigeaſſe ce Supplément. J'ai penſé devoir lui conſerver la forme & l'ordre adoptés dans l'Ouvrage dont il n'eſt qu'une ſuite.

La rareté des végétaux indigênes que je n'avois point encore interrogés, m'a forcé de revenir ſur pluſieurs des anciens, & de faire des excurſions ſur les colorans étrangers. C'eſt aux Artiſtes qu'il eſt réſervé d'apprécier mes Eſſais, & de les rendre utiles à la Patrie, dont l'avantage a toujours dirigé mes intentions.

AVERTISSEMENT.

Si quelques expériences, que je crois susceptibles de perfection, & à la suite desquelles je me propose de me borner dorénavant, m'offrent des résultats heureux ; je les publierai par la voie qui me sera indiquée, la plus convenable à leur étendue & aux circonstances.

SUPPLÉMENT
AU RECUEIL
DE PROCÉDÉS ET D'EXPÉRIENCES SUR LES TEINTURES SOLIDES.

Apprêts divers & mordans métalliques, dont je n'ai fait usage que depuis la publication du premier Ouvrage, intitulé : *Recueil d'Expériences, &c.*

Dissolution de l'Alquifoux.

INUTILEMENT j'ai tenté de le dissoudre en acide nitreux, en acide marin du commerce employés séparément, ni dans la combinaison en parties égales de l'un & de l'autre, ni par l'huile de vitriol.

Mais dans deux gros d'acide nitreux fumant, j'ai projetté à la fois dix-huit grains d'alquifoux réduits en poudre grossiere, & j'ai placé sur un bain de cendres, la phiole qui contenoit le tout.

A peine a-t-elle été échauffée, que le *menstrue* s'est chargé d'une boue citrine, mate, & les dix-huit grains ont été dissous en une demi-heure. Une heure après il s'étoit précipité un *magma* blanc, & le *menstrue* avoit repris sa couleur & sa transparence naturelle.

J'en ai fait un apprêt ordinaire pour quatre gros de laine, après avoir agité la phiole pour brouiller & mélanger le dépôt. La terre métallique s'est parfaitement étendue dans l'eau, & la laine en est sortie seulement salie d'un jaune mat & rouillé. Le bassin de cuivre jaune, dans lequel avoit été fait ce bouillon d'apprêt, s'est coloré d'un bleu de trempe d'acier; ce qui annonce l'expansion abondante du *foie de soufre* décomposé.

Dans un bain de deux gros de belle

garence robée d'Oissèl, j'ai abattu un gros de laine de cet apprêt, qui d'abord y a pris un jaune aurore assez bon; puis un brun que le long bouillon a tourné en carmélite natif, très-brillant, qui gagne bien peu à repasser en bain de baies séches de bourdaine & de peuplier d'Italie, si précieux pour égayer & faire chatoyer les autres.

Dans un bain d'un gros de bois de campêche effilé, j'ai abattu un gros de laine de l'apprêt ci-dessus, qui a viré le bain en jaune, & y a pris un musc très-solide, mais peu transparent.

La laine ainsi apprêtée par la solution d'alquifoux, abattue dans un bain de peuplier d'Italie, en altere & ternit le jaune.

Nouvelle dissolution d'Étain.

Dans une once d'acide marin, & deux gros d'acide nitreux du commerce, j'ai fait dissoudre à chaud, en quatre heures, un gros d'étain en rubans. L'apprêt ordinaire de la laine, par cette dissolution, m'a procuré dans un bain d'un poids & demi, de belle garence, la meilleure imitation de l'*écarlate*, & son déchet m'a fourni encore une belle nuance aurore-capucine.

La laine du même apprêt, dans un bain de trois gros d'écorce de bouleau, & d'une once de baies mûres & fraîches de troëne, a pris une bonne couleur canelle-aurore.

Eau Régale singuliere.

Dans deux gros d'acide nitreux du commerce, j'ai fait fondre à froid dix-huit grains de nitre rafiné de troisieme cuite, réduit en poudre subtile. Quand il a été parfaitement fondu, j'y ai projetté peu à peu onze grains d'étain, qui s'y sont dissous à froid au mois d'Avril, sans dépôt ni nuages. J'ai laissé le tout pendant vingt-quatre heures, à l'expiration desquelles la solution *girasolisoit*. Aussi l'apprêt que j'en al fait étoit-il médiocre. Il faudroit, je crois, l'employer aussi-tôt qu'elle est finie, puisqu'elle perd si facilement son phlogistique. Mais j'étois loin de penser que dans du nitre de troisieme cuite, il restât encore assez de sel marin, pour régaliser l'acide nitreux.

Mais ce qui m'a plus surpris encore, c'est qu'en ajoutant à deux gros d'acide marin, dix-huit grains de nitre de troisieme cuite, l'étain que j'y ai projetté, ne s'est dissous ni à chaud, ni à froid.

J'ai fait chauffer la dissolution girasolisante ci-dessus, & j'y ai projetté encore deux grains d'étain qui s'y sont dissous, mais à l'instant, le tout a formé une pommade blanche, semblable à du très-beau *Cérat de Galien*. Puis en versant dessus une solution de trente-six grains d'étain, par trois gros d'acide marin, & un gros d'acide nitreux, la pommade a disparu en laissant un léger dépôt de couleur de plomb. La liqueur est devenue claire, diaphane, & j'en ai formé de bons apprêts pour rouge de garence, & pour cramoisi des bois.

Essai infructueux de solution de Bismuth.

Dans deux gros d'acide marin, j'ai voulu dissoudre trente-six grains de bismuth, mais je n'ai pu y réussir ni à chaud ni à froid, quoique le Dictionnaire de *Macquer* dût me le faire espérer.

Sel de Bismuth.

Autour d'une phiole fêlée, dans laquelle j'avois depuis trois mois enfermé une dissolution de bismuth par l'acide nitreux, j'ai trouvé extérieurement une crystallisation considérable, très-nette & brillante, comme du beau nitre bien rafiné. J'en ai mis un peu sur un charbon ardent, qui l'a fait fondre, mais non pas fulminer; d'où j'ai conclu que ce n'étoit point du nitre pur, mais sa combinaison avec le bismuth.

J'en ai peſé dix-huit grains, autant de crême de tartre, & trente-ſix grains de ſaumure, dont j'ai fait l'apprêt de quatre gros de laine bien dégraiſſée. Mais dans aucune eſpece de bains, elle n'a contracté des couleurs auſſi nettes, que par l'apprêt *L F* où la diſſolution de biſmuth eſt employée fluide.

Autre diſſolution d'Étain.

Dans deux onces d'acide marin, deux onces d'acide nitreux & deux gros d'eau pure, à la ſimple expoſition au ſoleil dans le mois de Mai, j'ai fait diſſoudre deux gros & demi d'étain, ce qui correſpond à peu près à un quatorzieme du poids du menſtrue. Cet apprêt fort bon pour les bois, eſt paſſable pour la garence, qu'il pouſſe ſeulement trop au jaune.

Autre diſſolution d'Étain.

L'illuſtre Macquer annonçoit dans ſon

Dictionnaire, que dans deux tiers d'acide nitreux, & un tiers d'acide marin, il avoit, à l'aide du temps, & sans feu, dissous de l'étain en poids égal à celui du menstrue. J'ai donc pris deux gros d'acide nitreux & un gros d'acide marin, dans lesquels je me proposois de dissoudre trois gros d'étain. Mais après y en avoir en vingt-quatre heures projetté deux gros dix-huit grains, j'ai trouvé un dépôt au fonds du matras, & je n'ai osé pousser plus avant.

La laine apprêtée avec cette dissolution, que je désignerai *apprêt E*, *fort d'étain*, a réussi dans le bain de garence, dans ceux de bois de Fernambouc, de Campêche, & du peuplier d'Italie; mais en moins de quinze jours la solution a *girasolisé*.

Dissolution d'Étain indiquée par le même Auteur, pour le pétrissage de la soie, qu'il teignoit en couleur cerise, par la cochenille.

« Dans quatre gros d'eau forte & deux » gros d'esprit de sel, projettés peu à peu » jusqu'à trois gros d'étain, c'est-à-dire, » jusqu'à moitié du poids du menstrue. » Cette dissolution doit être de couleur » brune-foncée, sans paroître trouble. »

D'après ces *données*, j'ai fait de cette dissolution assez pour en remplir une phiole d'un quart de pinte, ou douze pouces cubes, dont je me suis servi avec succès pendant dix mois. C'est l'apprêt que je désignerai par *laine vierge pétrie E.*

J'ai d'abord tenté d'appliquer ce procédé à la laine pour la teindre en couleur cerise par la cochenille, & cela m'a réussi. Mais cette belle & riche couleur seroit bien chere, si l'on n'avoit pas occasion d'employer les déchets. La premiere teinte est de l'intensité des belles cerises de Montmorency très-mûres. L'œil s'y repose agréablement, & cela formeroit des habits beaucoup plus nobles que ceux d'écarlate. La seconde mise acquiert encore une jolie & douce nuance cerise, moins intense, mais qui ne brûle point le regard comme l'écarlate ; & cette seconde mise diminueroit d'un tiers les frais de la premiere.

Dans l'espoir d'approcher économiquement de cette seconde teinte, par l'emploi du bois de Fernambouc, j'ai pétri de nouvelle laine vierge dans cette dissolution, puis l'ayant exprimée & lavée à une seule eau, j'en ai abattu un gros dans un bain de son poids d'écorce séche de bouleau, & de trente-six grains de bois de Fernambouc. Après tous les pronostics favorables, la laine en est sortie fort uniment, teinte en cramoisi, clair, mais n'ayant point, ou du moins très-peu de reflet, par conséquent inférieure à mon ancienne imitation de l'écarlate de Venise.

Je me suis assuré par des opérations multipliées, dont je rendrai compte, que cet apprêt réussissoit, d'ailleurs, presque aussi bien que celui désigné par *E* $\frac{1}{8}$. Je l'ai même trouvé plus commode pour les essais en petit, vu qu'il n'exige ni crême de tartre, ni saumure, &, par conséquent n'expose point à des erreurs dans les doses. Il dispense d'une cuite d'une heure & demie, nécessaire pour faire le bouillon d'apprêt, ce qui notamment en été est un grand avantage. On peut, à mesure des circonstances ou du desir, pétrir dans cette dissolution quatre gros de laine simplement dégraissée, l'exprimer, la laver, & en moins de vingt minutes elle est prête à recevoir la teinture. Mais cet apprêt consomme plus de dissolution; car quelqu'exactement que la laine soit exprimée, elle en retient une portion surabondante, qui se perd dans les lavages nécessaires. Cette perte est à la vérité diminuée par l'économie de la crême de tartre, de la saumure, & d'une heure

& demie de consommation de combustible. Reste donc à savoir s'il seroit praticable en grand. Voici au moins ce que j'imaginerois pour y parvenir.

La dissolution ainsi saturée d'étain, est si peu corrosive, qu'elle n'altere le tissu ni la couleur de l'épiderme & des ongles des mains, ainsi nul danger à craindre pour les hommes qu'on employeroit au pétrissage.

Dans un fort cuvier de bois blanc, (préférablement du *populus tremula*) on jetteroit à la fois deux ou trois livres de laine bien séchée de son lavage de dégrais. On l'arroseroit de dissolution, & un homme chaussé de sabots propres, la pettriroit à pieds, ainsi que cela se pratique pour le coton que l'on dispose au *décreusage*, premiere opération du rouge des Indes. On lui fourniroit de même de la laine, jusqu'à ce que toute la *mise* pour un drap y eût passé. A mesure que la laine s'imprégneroit de la dissolution, un homme en dehors du cuvier la retourneroit pour

la

la préſenter ſous les pieds du paſtriſſeur, juſqu'à ce que toute la maſſe parût bien également imprégnée. Si la totalité à la fois préſentoit trop de difficultés, on l'attaqueroit par parties, comme de quinze livres par chaque cuvée, & je crois que ce ſeroit le moyen le plus aſſuré.

Il reſteroit à épreindre cette laine aſſez vigoureuſement pour en retirer le plus de diſſolution qu'il ſeroit poſſible. Et pour y parvenir, voici encore ce qui m'avoit ſervi en 1772, pour m'épargner la main-d'œuvre, de tordre le coton dans l'apprêt *du rouge bon teint*.

J'avois fait faire un baril ſans *fonds*, ni *bouge*, composé de douves étroites, de bois blanc, épaiſſes de deux pouces, toutes criblées de petits trous de villebrequin, diſpoſés en quinconce, & autant répétés qu'il ſe pouvoit, ſans altérer leur réſiſtance au ſerrage. Cette eſpece de *manchon* portoit quatre ceintures, chacune de trois cercles du même bois de tremble écorcé; ſavoir, une ſur chaque bout, & deux à des diſtances également priſes ſur ſa hauteur. Ce manchon étoit placé debout ſur une faiſcelle proportionnée : on l'empliſſoit de pentes de coton ſortant des bains d'apprêts ; on les y rangeoit ſoigneuſement pour éviter les faux *rhums*, & faciliter l'égalité de la preſſion. Lorſqu'il étoit comblé on poſoit deſſus le coton un plateau du même bois blanc, fortement barré & portant un pouce de diametre de moins que l'intérieur du manchon. Au centre de ce plateau l'on faiſoit deſcendre le long moyeu d'une vis perpendiculaire que l'on ſerroit à meſure de l'écoulement des apprêts à travers les trous de villebrequin. Ce liquide étoit conduit par les rigoles de la faiſcelle dans un cuvier deſtiné à le recevoir. Lorſque trois hommes appliquant leurs forces combinées à la roue de la vis, ne pouvoient plus la faire agir, on jugeoit la preſſion ſuffiſante. On viroit à gauche, on retiroit le plateau, & les pentes de coton parfaitement épreignées, étoient étendues aux perches de la ſécherie, avec une économie de tems & de main-d'œuvre considérable.

Je suis persuadé que le même appareil feroit le seul capable de bien épreindre la laine en grand, & de ménager beaucoup de dissolution, laquelle est bonne pour paîtrir de nouvelle laine, jusqu'à ce qu'elle soit toute absorbée. Le manchon, la faisselle & les cuviers en consommeroient un peu dans les commencemens, mais une fois qu'ils en seroient imbus, ils n'en altéreroient point la qualité. D'ailleurs, les suppléments que chaque nouveau paîtrissage exigeroit, lui rendroient le peu d'énergie qu'elle auroit pu perdre.

Dissolution de Manganaise, d'après M. Sage.

Dans quatre gros d'eau-forte, j'ai fait fondre à froid neuf grains de sucre rafiné, à dessein d'y dissoudre trente-six grains de *manganaise*, grossiérement pulvérisée. N'appercevant aucun effet après la premiere projection, j'ai placé le petit bocal sur un bain de cendres chaudes. Alors la dissolution a commencé avec des vapeurs très-rutilantes & suffoquantes, telle que celles du bismuth. Mais en huit heures de chauffe assez vive, je n'ai pu dissoudre que douze grains du minéral, & j'en ai fait un apprêt d'usage au bouillon, sur quatre gros de laine.

Pour l'essayer, j'en ai abattu demi-gros dans un riche bain de garence, où d'abord elle a beaucoup promis par le beau jaune vif qu'elle y a contracté aussi-tôt l'immersion. Cependant la teinture achevée n'étoit qu'en *carmélite* terne & sans chatoiement; donc bien inférieure à celle que j'avois obtenue par la solution de l'alquifoux.

Dans quatre verres d'eau, j'ai fait cuire sept gros de brindilles séches de peuplier d'Italie. J'ai abattu dans la colature un gros de laine apprêtée par la manganaise. Elle y a pris d'abord un foible jaune terne, puis au très-long bouillon, un musc clair, bruniture de jaune sans reflet. Je ne vois donc rien de bon à espérer de cet apprêt, puisqu'il n'a point eu de succès dans les deux colorans les plus faciles à traiter.

Dissolution d'Étain par l'huile de vitriol.

Quoique ci-devant je n'eusse pu y parvenir en suivant exactement le procédé décrit dans *le Philosophe sans prétention*, ce que j'ai lu dans l'*Analyse chymique* de M. *Sage*, m'a déterminé à une nouvelle tentative.

J'ai donc pris quatre gros d'huile de vitriol du commerce, & quatre gros d'eau pure, dans l'espoir d'y dissoudre un gros d'étain. J'ai attendu pendant une heure, depuis la première projection à froid, pour voir s'échapper du métal quelques bulles d'air qui n'ont pas continué. Alors j'ai posé le matras sur les cendres chaudes, & les bulles ont augmenté en nombre &

en volume. Cependant en douze heures de chauffe, à peine dix-huit grains étoient dissous. J'ai pris le parti d'y ajouter un gros d'acide marin, & un gros d'eau pure. J'ai continué la chauffe & la projection pendant encore douze heures, après lesquelles je n'ai trouvé avoir dissous que trente-six grains d'étain en tout. Cette dissolution exhaloit une forte odeur de foie de soufre.

J'en ai formé un apprêt ordinaire sur quatre gros de laine, qui en est sortie en bon état; mais de tous les bains, celui de cochenille est le seul où elle ait réussi.

Alun retrouvé dans les déchets.

J'avois conservé & laissé évaporer à l'air d'une chambre souvent habitée, le déchet d'un petit alunage pour le coton rouge, composé de cinq gros d'alun de Rome.

Six semaines après j'y ai trouvé des crystaux d'alun, isolés, qui, lavés & séchés, ont pesé trois gros, dix-huit grains; ci, ... 3 gros 18 grains.

J'ai filtré l'eau-mere restante, & encore un mois après, j'y ai retrouvé des crystaux d'alun isolés, pesant cinquante-quatre grains, ci, 54

Partant, alun retrouvé de cinq gros, . . 4 gros.

J'en conclus, qu'en conservant ainsi dans un coin de la sécherie, toujours échauffée, tous les déchets d'alunage d'un attelier de teinture en rouge des Indes, l'évaporation ne coûteroit rien; la liqueur réduite, transportée en lieu frais, la crystallisation s'opéreroit, & l'on pourroit économiser $\frac{4}{5}$, ou au moins plus de trois quarts de l'alun qu'on y consomme. Cette économie feroit d'autant moins à négliger, qu'il faut quatre onces d'alun par livre de coton, dont on retrouveroit au moins trois onces, & que dans plus d'un attelier des environs de Rouen, on teint de six cent à mille livres pesant de coton par semaine. On accéléreroit cette opération en établissant une chaudiere pour faire évaporer plus promptement.

Eau Régale d'après M. Sage.

Dans quatre gros d'eau forte, j'ai fait fondre doucement un gros de sel ammoniac. Ensuite j'y ai projetté de l'étain en rubans, qui, sans le secours du feu, quoique dans les premiers jours de Mars, s'est dissous avec une extrême effervescence. Mais bientôt il se réduisit en chaux précipitée au fond du matras. J'attribuai cet inconvénient à l'excès d'acide de l'eau-forte employée, & j'y ajoutai un demi-gros d'eau pure. Alors sur les cendres chaudes j'y fis dissoudre en quatre heures cinquante-deux grains d'étain, & tout le précipité disparut.

Je fis dès le lendemain un apprêt ordinaire de cette dissolution sur quatre gros de laine, dont partie abattue dans un bain de garence, y a contracté un beau mordoré aurore, bien pétillant.

Une autre portion abattue dans un bain préparatoire d'écarlate, aiguiſé par la même diſſolution, l'a totalement dépouillé de parties colorantes, & en eſt ſortie couleur de cériſe ſi unie & ſi aimable, que je n'ai point paſſé au bain de *rougie.* J'ai feutré cette laine, & cette action long-tems continuée, l'a encore embellie, en la cramoiſiant légérement.

En uſant depuis d'eau forte moins concentrée pour cette diſſolution, je l'ai obtenue très-limpide & ſans aucun dépôt. L'étain y eſt entré pour un quart du menſtrue, & la célérité de l'opération ajoute encore à ſon mérite. Je déſignerai cet apprêt ſous le nom d'apprêt $E\frac{1}{4}$, ou *E* ammoniacal.

DICTIONNAIRE

ALPHABÉTIQUE

Des noms français, ou adoptés dans cette langue, pour les Végétaux qui ont été les sujets de mes Expériences, décrites dans ce Supplément.

A

AGRIPAUME. (*Leonurus Cardiaca*).

Dans l'espoir d'obtenir la dissolution de la substance muco-résineuse des plantes, j'ai fait cuire dans une pinte d'eau, & un verre de lessive de soude, une forte poignée de feuilles vertes & tiges fleuries d'agripaume. Le bain s'est d'abord montré d'un beau jaune, puis il est devenu jaune-fauve. Alors j'ai abattu dans sa colature un gros de laine-vierge pétrie *E*, lavée, qui a pris une couleur olive-tendre, assez belle. La laine enlevée, j'ai neutralisé le bain, par un peu d'acide nitreux. La laine y ré-abattue & bouillie pendant trois quarts d'heure, en est sortie teinte en une superbe nuance d'olive foncée, très-dorée; c'est une des plus riches couleurs sérieuses que mon travail m'ait procuré.

ALSINE (*Stellaria*).

Dans une pinte d'eau, j'ai fait cuire une forte poignée de plantes fleuries de ce joli gazon à grandes fleurs blanches, qui décore le pied des haies & des taillis, au commencement de Mai. En moins d'un quart d'heure de bouillon, le bain se colora d'un très-beau jaune qui promettoit beaucoup. Cependant la laine-vierge, pétrie *E*, lavée, n'y a pris qu'une nuance terne de ventre de crapaud. Je crois qu'il faut essayer de laines d'autres apprêts; car encore que beaucoup de végétaux nous donnent du jaune, la franchise de celui que promet le bain de celui-ci, n'est pas à négliger.

AUBE-EPINE. (*Cratægus Oxiacantha*).

Dans une pinte d'eau, j'ai fait cuire

une once & demie de gros bois d'épine blanche, coupé depuis un an. Le bain étant amené par l'ébullition, à la couleur du *Nanckin*, la laine pétrie *E*, lavée, y a pris un beau ton de canelle fine, très-unie.

B

Bleu de composition, ou Bleu de Saxe.

Tout le monde sçait que c'est une dissolution de l'indigo dans l'huile de vitriol. Mon ambition étoit d'en obtenir, tant en blèu qu'en verd, des nuances aussi foncées que celles que l'on fait sur la cuve-d'Inde; & s'il étoit possible, aussi solides. Quant à l'intensité, j'en ai tiré, depuis le *bleu céleste*, jusqu'au *bleu d'enfer*, & depuis le *verd naissant*, jusqu'au *verd cul-de-bouteille*.

Quant à la solidité, mes couleurs ont

résisté, non-seulement au *feutrage*, mais encore ces *feutres* enveloppés de linge, & plongés dans une forte dissolution de savon bouillante, ont été battus entre une selle & un battoir de bois; replongés & battus trois à quatre fois dans l'intervalle d'un quart-d'heure.

Alors en les comparant avec les morceaux matrices conservés incontinent après le feutrage, il n'y apparoissoit point de déchet sensible à l'œil. Je puis donc espérer qu'ils résisteront au *foulon*.

L'intensité a dépendu d'abord de la dose de composition dont mes bains étoient colorés. Mais comme je me suis apperçu que mes laines de tous apprêts, en sortoient plus ou moins *bringées*, en proportion du degré de force du bain, je n'ai trouvé, pour les unir, d'autre moyen que de les passer successivement sur un plus ou moins grand nombre de bains foibles, mais neufs. Leurs effets répétés, par exemple, quatre fois, m'ont donné *le*

Bleu d'enfer; trois fois, *le Bleu de Roi*; deux fois, *les Bleus agréables*, &c, &c.

Si de mes laines ainsi unies, je voulois faire des *verds*, je les abattois dans un bain de cinq poids de peuplier d'Italie, qui sur ce bleu de composition, porte moins à l'olive que sur le bleu de cuve. La *gaude* ne m'a point réussi pour jaunir les bleus intenses : sans doute l'acide vitriolique en altéroit l'énergie. D'ailleurs comme sa teinte est beaucoup moins solide que celle du peuplier, je trouvois un avantage dans l'emploi de celui-ci. Au reste, j'ai assez indifféremment donné le bain de jaune, le premier ou le second. J'ai obtenu les verds très-tendres, en abattant la laine apprêtée, mais encore blanche, dans les déchets des *verds-canards* & & *verds-bouteille*.

Trois apprêts m'ont été particuliérement utiles pour les bleus de composition; savoir :

L'apprêt *LF* formé sans bouillir.

L'apprêt *AT*, par neuf grains de crême

de tartre, & un gros d'alun, pour quatre gros de laine.

L'apprêt *E* $\frac{1}{16}$, ou bon pour les bois de teinture.

Mais pour les bleus que l'on destine à être virés en verd, le dernier est le meilleur, vu que l'apprêt *L F* exalte moins le jaune, & que le second, dans lequel il entre de l'alun, décompose un peu le colorant du peuplier d'Italie.

Quant aux étoffes & draps en pieces, il n'est pas difficile de les unir, soit en bleu, soit en verd.

BOIS D'AFRIQUE. Quelques vaisseaux expédiés de Nantes, à la côte d'Afrique, en ont rapporté un bois d'un rouge mordoré, propre à la Marquetterie, d'un grain serré sans être dur, & se travaillant bien au rabot & sur le tour.

J'en ai fait raper pour l'essayer en teinture, & j'ai vu qu'il communiquoit lentement sa couleur au bain, dans lequel la laine d'apprêt *L. F* a pris le ton d'un garençage commun, sans reflet, mais solide.

La laine *A T* y acquiert divers mordorés transparents, mais foibles aux acides, & rosants un peu au savon du feutrage.

En y ajoutant l'écorce de bouleau & l'alun, la laine *E* $\frac{1}{16}$, bonne pour les bois, y prend des tons cramoisis, marrons pourprés & autres, qui peuvent passer pour solides, mais à tous égards inférieurs à ceux obtenus du bois désigné dans mon Recueil pour bois d'Angole. Il est vrai que ce bois d'Afrique ne se vend que vingt-deux livres dix sols le quintal, c'est-à-dire, presque moitié moins que l'autre. Quelques Teinturiers auxquels j'en ai fait voir mes essais en me plaignant de leur peu de reflet, ne blâmoient point ce prétendu défaut, parce que cela le rendoit plus convenable pour donner des pieds aux couleurs sérieuses dont on voudroit le glacer par un second bain.

BOULEAU. (*Betula Alba.*) D'après l'idée que m'ont suggéré MM. de *Machy* & de *Fourcroy*, j'ai tenté d'attaquer la partie résineuse de l'écorce de Bouleau. Mais

Mais l'esprit-de-vin, l'eau-de-vie, dissolvans naturels de cette substance, induisant en des dépenses trop considérables, j'ai cherché à y suppléer par le menstrue suivant.

Dans trente-six pouces cubes d'eau, j'ai mélangé six pouces cubes de lessive de soude, au degré quatrieme du pese-liqueur des Savonniers, & j'y ai fait cuire deux onces d'écorce fraîche de bouleau, enlevée par la plane d'un bois de six années de croissance.

Après seulement trois quarts-d'heure d'ébullition, le bain étoit coloré d'un rouge foncé & violant, à-peu-près comme une forte cuite de bois de Fernambouc. Je m'applaudissois déja de ce que cette lessive, peu dispendieuse, avoit dissous la riche résine de cette écorce. Mais les laines de mes divers apprêts n'y ont pris qu'une nuance de Nanquin-grisaille. Je les ai enlevées, & j'ai projetté dans ce bain, dix-huit grains d'alun en poudre, qui l'ont d'abord fait caillebotter, en isolant les parties résineuses. Cependant à l'aide du feu & du mouvement, l'homogénéité s'est rétablie. Les laines y réabattues ne s'y sont point rehaussées de couleur, & leur nerf a été atteint, au point de les rendre très-difficiles à feutrer.

Cette sensibilité de la laine aux alkalis, m'a déterminé à teindre dans ces bains riches, du coton qui y résiste parfaitement. J'ai donc préparé, comme pour rouge des Indes, plusieurs écheveaux de coton, qui n'y ont pris qu'une nuance de Nanquin-canelle, mais bien solide au débouilli du savon.

Dans un bain alkalisé comme dessus, j'ai fait cuire trois onces d'écorce fraîche de bouleau. Dans ce bain bien tiré, j'ai versé peu-à-peu de l'huile de vitriol, qui l'a mordoré, en lui faisant exhaler l'odeur styptique & austere *du cuir de Russie*. Alors de la laine-vierge, seulement engalée, alunée & séchée, y a pris un beau ton canelle, comme d'un léger garençage transparent, & qui s'est bien feutré, en conservant sa couleur telle que la donneroit sur laine apprêtée un mélange de paille de sarrasin commun, d'un peu de garence & de peuplier d'Italie.

J'ai ensuite fait cuire dans de l'eau alkalisée, une once de brindilles séches de peuplier d'Italie. Le bain est devenu mordoré-aurore. Quelques gouttes d'huile de vitriol l'ont un peu éclairci, en lui donnant aussi l'odeur austere. Mais la laine, quoique d'un bon apprêt *E* n'y a contracté qu'une bruniture de jaune-mordoré terne, & inférieure à celle que l'on obtient d'un déchet ordinaire & surbouilli.

Dans un bain acidulé au ton du vinaigre par l'huile de vitriol, j'ai fait cuire trois onces d'écorce fraîche de bouleau; après une heure d'ébullition le bain s'est coloré d'aurore foncée très-transparente. J'y ai abattu un gros de laine d'apprêt *A T* par proportions doublées; & pendant trois heures de teinture au bouillon, j'ai alimenté ce bain d'eau pure, afin de prévenir la concentration de l'acide. Alors j'ai enlevé la laine, très-uniment teinte en Nanquin-canelle. Elle s'est bien feutrée, mais le savon en a viré la couleur en un assez beau gris, qui redevient Nanquin dans l'acide; ainsi n'est que de petit teint.

Dans quatre verres d'eau acidulée, comme ci-dessus, j'ai fait cuire deux gros de belle garence. Le bain a paru jaune comme celui du peuplier d'Italie cuit dans l'eau pure. Un gros de laine d'apprêt double *AT*, y a pris un jaune-clair, mais mat, lequel au feutrage s'est viré en Nanquin-canelle; partant, encore couleur fausse.

Il n'y a donc jusqu'à présent, que la laine-vierge engalée & alunée, qui, dans un bain d'écorce de bouleau modérément alkalisé, m'ait donné une couleur louable & solide de Nanquin-canelle.

BOURDAINE. (*Rhamnus Frangula.*) Un habit teint en prune par les baies mûres & fraîches de bourdaine, au mois d'Août 1781, se trouvant un peu terni, j'ai desiré le 9 Septembre 1785, le reteindre, par le même moyen, & à cet effet, je l'ai réapprêté *L F*, puis abattu dans un bain de vingt-cinq poids de baies très-mûres, nouvellement cueillies. Je ne sais par quel motif j'y ajoutai un poids de bois de Campêche effilé, avec demi poids d'alun de Rome. Mais à mon grand étonnement, il en sortit teint en très-beau noir transparent, bleuâtre, & le drap souple & moëlleux. Depuis lors, jusqu'au 15 Janvier 1788, je l'ai porté au moins deux mois chaque année, sans qu'il se soit démenti ni enfumé.

Ce beau noir velouté sans pied de bleu ni addition de fer, m'ayant paru très-intéressant, je voulus le répéter à la fin d'Août 1786, sur sept aunes de royale blanche.

J'y procédai d'abord, comme pour la teinture en couleur de prune en 1781. Je réapprêtai encore *L F* l'étoffe teinte, & dans le second bain j'ajoutai, comme en 1785, aux baies de bourdaine, le bois de Campêche & l'alun. Mais quoique certain de ne m'être en rien écarté des procédés antérieurs, je n'ai obtenu qu'un riche brun noirâtre, bien châtoyant, une des plus belles couleurs férieufes alors à la mode, qui en dix-huit mois n'a rien perdu; mais ce n'eft pas du noir. L'action de l'air, pendant quatre années fur le mordant, qui d'abord avoit donné la couleur prune, feroit-elle néceffaire pour déterminer le fecond apprêt & le fecond bain à produire du noir? J'efpere fortir de cette incertitude cette année; dès que la maturité des baies me permettra de renouveller l'opération.

Dans quatre verres ou une demi-pinte d'eau, j'ai fait cuire deux onces de baies mûres & fraîches de bourdaine. La décoction étant très-pourprée, je l'ai coulée au travers d'un linge avec expreffion, & j'y ai mêlé dix-huit grains de diffolution d'indigo par l'huile de vitriol, bien délayée dans un verre d'eau tiede. Dans ce mêlange j'ai abattu laine & lainage d'apprêt $E \frac{1}{8}$, & l'une & l'autre y ont acquis un noir un peu bleuâtre. Ce qu'il y a de fingulier, c'eft que ces deux ingrédiens, qui, séparément sont très-sujets à *bringer*, ont ensemble teint la laine assez uniment, pour qu'un seul cardage l'aît mis en état de former un beau feutre.

Toujours à la suite des idées que m'avoient suggéré MM. de *Machy* & de *Fourcroy*, sur la dissolution de la fécule résineuse des végétaux, je me suis flatté de l'obtenir par la trituration humide. En conséquence j'ai établi un émoussoir ou machine *de la garaïe*, dans un grand vase de verre blanc, dont la transparence me permettoit de juger à l'extérieur, du genre de décomposition ou de séparation que le mouvement y pourroit occasionner.

J'ai commencé par remplir mon appareil de bon vin de bourdaine de l'année; parce que j'étois déja convaincu que la fermentation vineuse absorboit la partie rouge de ce colorant, & n'y laissoit subsister que le bleu & le jaune dont la combinaison me procuroit le vert-natif. Mais douze jours de séjour & de mouvement très-rapide de l'émouſſoir, ne cauſerent aucune altération à ce bain, qui continua de me donner des nuances vertes.

Cependant en lavant les laines teintes ainſi, j'obſervai que dans l'eau du lavage, il ſe formoit un précipité ardoiſé, & que l'eau ſurnageante n'étoit preſque plus que jaune. Je ſuis parti de là pour noyer en grand volume d'eau une portion de mon vin de bourdaine. J'ai brouillé le mélange en y laiſſant tomber quelques gouttes des diſſolutions de cuivre & de biſmuth, & j'ai laiſſé repoſer juſqu'au lendemain.

Il s'étoit opéré une telle ſéparation, que j'aurois pu décanter en grande partie une eau, couleur de prune de Monſieur, qui ſurnageoit le petit dépôt ardoiſé. Sans doute dans une opération en grand, on en laiſſeroit échapper au moins les trois quarts par des robinets placés à diverſes hauteurs de la cuve où ſe feroit le travail. Mais pour procéder exactement en petit, j'ai rebrouillé le tout & l'ai filtré par le papier-gris, sur lequel il n'est resté qu'une fécule verdâtre.

J'ai pris trois quarts de pinte de cette liqueur filtrée, couleur de prune, que j'ai fait chauffer dans un bassin. J'y ai abattu demi-gros de laine d'apprêt *E* $\frac{1}{7}$, qui, quoique jettée seche, y a pris très-uniment, un joli vert tendre de pistache. Cette premiere laine enlevée, j'en ai dans le déchet abattu un demi-gros de même apprêt qui a pris un jaune bien pur, que trois quarts-d'heure de bouillon ont seulement viré en ronce-d'Artois foncée, unie & bien chatoyante. Un troisieme demi-gros abattu, a pris en un quart-d'heure entre chaud & bouillon une belle couleur de citron mûr; enfin un quatrieme demi-gros, y a contracté une nuance de citron clair, dit *queue de serin.*

De là je crus pouvoir conclure, que le premier loquet avoit absorbé le peu de parties bleues que contenoit encore l'eau de filtration, & qu'il n'étoit resté pour les trois ſuivans, que de la partie colorante en jaune. J'eſpérai donc avoir fait dès-lors un grand pas vers la conquête du bleu, puiſque je trouvois le moyen de le ſéparer du jaune, avec lequel ſa combinaiſon me donnoit du verd.

J'ai bien lavé la fécule verdâtre reſtée ſur mon filtre, juſqu'à ce que l'eau en ſortît claire & ſans ſaveur, puis je l'ai raſſemblée en une petite maſſe & fait ſécher. Alors j'en ai voulu diſſoudre une partie dans l'huile de vitriol. Mais la diſſolution s'eſt colorée en rouge-pourpre, & mêlée dans trois verres d'eau chaude, elle s'y eſt réduite en particules iſolées, ſans homogénéïté, de ſorte que ce bain étant refroidi, elles ſe ſont précipitées, & l'eau eſt reſtée claire. Auſſi malgré l'ébullition continuée pendant deux heures, la laine d'apprêt *E* $\frac{1}{6}$, n'y-a-telle pris qu'une foible nuance griſaille.

Comme le fer eſt plus analogue à la couleur bleue que ne l'eſt le cuivre, ou le biſmuth, j'ai tenté la précipitation par quelques gouttes de dissolution de fer par l'acide-marin. Cela m'a procuré très-peu de fécule, mais d'une couleur beaucoup plus approchante de celle de l'indigo. Son eau de filtration n'a communiqué à la laine d'apprêt *E* $\frac{1}{6}$, qu'une bonne bruniture de gris foncé.

Le vin de bourdaine étendu d'eau, n'a point spontanément fourni de précipité. J'y ai ajouté de la lessive de cendres gravelées, jusqu'à le rendre d'un beau verd; mais tout a passé au travers du papier-Joseph, sans rien déposer sur le filtre.

J'ai pris une demi-pinte de ce composé verd, pour y abattre à chaud de la laine *E* $\frac{1}{6}$, qui même au long bouillon ne s'est colorée qu'en grisaille.

Dans l'espoir d'obtenir un précipité par la dissolution un peu forte de l'alun de Rome, j'en ai versé dans le vin de bourdaine étendu de moitié eau pure, ce qui l'a subitement coloré en bleu.

J'en ai de ſuite formé un bain, dans lequel,

La laine d'apprêt *E* $\frac{1}{4}$, a pris une olive dorée, riche, mais bringeant un peu.

La laine-vierge, un quart de teinte d'olive terne.

Un coupon de drap blanc, d'apprêt *LF*, une olive dorée.

Un loquet de linge de leſſive, un léger gris bleuâtre.

J'ai filtré ce beau bain bleu; mais ſon peu de dépôt ſur le filtre n'a pu être réuni en maſſe. C'eſt grand dommage, car ſa couleur eſt abſolument ſemblable à celle de l'indigo.

Puiſque la diſſolution d'alun viroit en bleu le vin de bourdaine, je me flattai que la laine d'apprêt *AT.* s'y imprégneroit de cette couleur. J'ai donc fait cet apprêt double, & tel qu'il m'avoit réuſſi dans le bleu de compoſition. C'eſt-à-dire, que pour deux gros de laine, j'ai employé douze grains de crême de tartre & trente-six grains d'alun, doses suffisantes pour apprêter quatre gros de laine, dans les circonstances, où l'apprêt *AT* est requis. Après deux heures, dont une d'ébullition, j'ai enlevé la laine & je l'ai conservée en lieu frais, pendant dix-huit heures.

Dans un bain de vin de bourdaine viré en bleu par la dissolution d'alun, j'ai abattu un gros de laine de l'apprêt *AT* ci-dessus, mais elle m'a déconcerté en n'y acquérant qu'une nuance *merdoye*.

J'ai rempli un grand-verre conique de ce vin de bourdaine viré en bleu, & j'y ai laissé tomber goutte à goutte, jusqu'à cinquante-quatre grains de dissolution *E* $\frac{1}{4}$. Alors le bleu a tourné au pourpre, & la liqueur brouillée a laissé sur le filtre, une belle fécule, bien consistante, mais de couleur *prune foncée*. Après exsiccation elle ressembloit néanmoins à de l'indigo, excepté qu'elle ſe diviſoit en petits cubes anguleux, comme du ſable. Je l'ai broyée dans un mortier & par un pilon de *verre*, entre leſquels elle a craqué pendant longtemps. Enfin il en eſt réſulté une poudre, un peu moins rude que de l'*azur*, mais toujours en atômes iſolés. J'en ai broyé ainſi un gros & demi, ou trois demi-gros, procédans de ſix verres de vin de bourdaine allongés d'autant d'eau, virés en bleu par la ſolution d'alun, & précipités ou coagulés par celle d'étain.

J'ai entrepris d'en monter une petite cuve de bleu à froid, compoſée comme ci-après.

Dans un vaſe de verre blanc, contenant vingt-quatre pouces cubes, j'ai verſé cinq pouces d'eau, dans laquelle j'avois fait diſſoudre à froid, un gros & demi de vitriol de mars, ou de couperoſe verte.

Dans cinq pouces cubes de leſſive des Savonniers au degré quatre, j'ai tenté de diſſoudre ſur cendres chaudes un gros & demi de mon prétendu indigo. Il y eſt d'abord devenu verd, mais bientôt il eſt paſſé à la couleur de muſc-ſafranné. J'ai mélangé ces deux diſſolutions, enſuite j'y ai jetté un gros & demi de chaux fraiſée; j'ai brouillé, pallié le tout & fini par remplir d'eau le vaſe de verre, juſqu'à un doigt près du bord.

Le lendemain j'ai trouvé les ſubſtances diverſes déposées en raiſon de leurs peſanteurs ſpécifiques, ſavoir :

La terre de vitriol.

La chaux.

La diſſolution de la fécule, mais conſervant ſa couleur de muſc-ſafranné.

J'ai pallié le tout & quelques bulles ſe ſont élevées, mais ſans changement de couleur.

Les palliages répétés pendant quatre jours, la cuve eſt reſtée colorée de muſc-roux, très-vilain. Reſte donc à eſſayer cette fécule par la cuve d'inde à chaud, & par celle à l'urine.

J'ai pris trente-ſix grains de fécule ſeche & verdâtre, procédant d'un verre de vin de bourdaine, délayé dans deux verres d'eau, & précipitée par un mélange en parties égales des diſſolutions de cuivre & de biſmuth. Je l'ai broyée dans un mortier, & par ſon pilon de verre, avec une cuillerée d'eau de vie. J'ai mélangé cela dans trois verres d'eau tiede, laiſſé cuire doucement, puis prêt à bouillir, j'y ai abattu un gros de laine d'apprêt *E* $\frac{1}{4}$. Après trois quarts-d'heure de travail au bouillon, j'ai enlevé la laine très-uniment teinte en une belle nuance ronce-d'Artois bien diaphane. On pourroit ainſi, lors de la maturité des baies, en faire beaucoup de vin, en précipiter & garder la fécule. Elle teint plus également que le vin, elle ſe conſerveroit très-long-temps ſous un beaucoup moindre poids & volume, ce qui en faciliteroit le tranſport & le commerce. Il n'eſt pas douteux qu'on ne trouvât un ſupplément à l'eau-de-vie employée dans cette expérience, & qui

bien

bien qu'en petite quantité, augmenteroit toujours le prix de cette teinture.

Brou de Noix. J'ai cru devoir répéter ma première tentative pour prévenir la fermentation du brou de noix, qui ne laisse que très-peu de temps pour l'employer avantageusement. J'en ai donc pris de bien frais, que j'ai fait sécher à l'air & au four, de manière à le conserver. Alors j'en ai pulvérisé, & fait cuire deux gros dans une demi-pinte d'eau, qu'il a colorée en musc-rembruni, mais sans lui communiquer l'odeur de gérofle que lui donne cette substance fraîche. Apparemment l'exsiccation la prive de cet esprit recteur & volatil; & sans doute aussi de beaucoup de son énergie teinctoriale, puisqu'un gros de laine d'apprêt *L F* abattu dans la colature de ce bain, n'y a pris, au très-long bouillon, qu'une nuance de vigogne noisette.

Dans la même quantité d'eau, quatre gros de *brou* sec ont fourni sur la laine du même apprêt, un musc, presque poil de castor.

Six gros du même ingrédient dans une demi-pinte d'eau, ont procuré un bon ton de carmélite.

Enfin douze gros ont donné cette couleur dans sa perfection. Mais toutes ces couleurs sont bien inférieures à celles que donne le *brou* de noix employé frais, au moment qu'il se détache spontanément de la noix parvenue à sa maturité.

Buglose Sauvage. (*Lycopsis Arvensis*).

Dans une demi-pinte d'eau, j'ai fait cuire une poignée de cette plante, fraîche & fleurie. Elle a donné un bain citron, dans la colature duquel, la laine vierge, pétrie *E* & lavée, a pris, au très-long bouillon, une jolie nuance de Nanquin-clair, un peu jaune-mat.

C

COCHENILLE. (*Coccus Cacti.*)

M. *Brulé*, Receveur des Octrois de la ville de Rouen, m'a donné le neuf Septembre 1786 vingt grains pesant d'une substance pourprée, qu'il m'a dit être de la *cochenille* élevée par M. son fils, & procéder des œufs de cet insecte qu'il a été chercher au Mexique, puis fait éclore, & nourris sur les feuilles du *nopal* ou *racquette* de Saint-Domingue. Il m'a prié d'en faire l'essai: mais je lui ai représenté, que n'ayant jamais teint en écarlate, je pourrois ne point réussir, sans qu'on dût en rien induire au préjudice du nouvel ingrédient. Je lui conseillai d'en confier davantage à MM. Lambert, qui à Dernétal, ainsi qu'à Elbeuf, teignent avec succès cette belle couleur.

Cependant, pour le satisfaire, j'en ai essayé sur une bande de *Royale* blanche, pesant deux gros. J'ai donc mis dans un bassin de cuivre jaune parfaitement écuré, dix-huit pouces cubes d'eau de puits, bien rassise & limpide. Dès qu'elle a tiédi, j'y ai jetté dix-huit grains de crême de tartre, exactement broyée, avec deux grains pesant de la nouvelle cochenille dans un mortier de verre & par le pilon de même matiere. J'ai laissé tirer sans bouillir ce bain, qui est devenu un peu plus que rose violant. Lorsqu'il a été prêt à bouillir, j'y ai versé dix-huit grains de dissolution d'étain, faite exprès de la veille, à raison d'un huitieme de métal & très-pure. Le bain tourné à la couleur de safran & mis au bouillon, j'y ai abattu l'étoffe mouillée en eau chaude & bien exprimée. J'ai laissé bouillir en travaillant pendant trois quarts-d'heure, à l'expiration desquels le bain se trouvant totalement décoloré, j'ai enlevé l'étoffe, qui bien lavée, a paru teinte en une belle couleur de chair animée, telle que M. *Hellot*, dont j'avois adopté & réduit les proportions ci-dessus, annonce qu'elle doit sortir de ce premier bouillon.

De là j'ai cru pouvoir conclure que l'ingrédient étoit bon, & j'ai procédé au bain de rougie, comme suit....

Dans le même bassin bien écuré, j'ai versé dix-huit pouces cubes d'eau, dans laquelle j'ai projetté quatre grains d'amidon, lequel étant bien fondu par une douce chaleur, j'y ai ajouté treize grains pesant de la nouvelle cochenille, exactement broyée avec neuf grains de crême de tartre. J'ai laissé tirer doucement ce bain jusqu'à ce qu'il me parût cramoisi-pourpre, & amené au bouillon, j'y ai versé dix-huit grains de la même dissolution d'étain, qui la tourné en rouge-vif. Alors j'y ai ré-abattu l'étoffe, qui travaillée au bouillon pendant trois quarts-d'heure, en est sortie teinte d'une nuance d'écarlate de Venise, aimable & fort unie, mais qui n'avoit point assez d'intensité ni de feu, pour écarlate de France. J'ai ajouté à ce déchet de bain, cinq grains de l'ingrédient colorant, & j'y ai abattu pour la troisieme fois, moitié ou un gros de la royale déja teinte deux fois, qui a pris une nuance de plus, mais encore trop foible pour écarlate.

Or, pour m'assurer qui de ma composition, réduction & manipulation, ou de l'ingrédient colorant étoit à blâmer, j'ai cru devoir répéter par les mêmes doses, poids & mesures, mais en employant de la cochenille du commerce, & j'en ai obtenu la plus haute couleur.

Il semble en résulter, que soit par sa nature, soit par un mélange quelconque, la cochenille récoltée à Saint-Domingue est de moitié plus foible que l'autre.

Il étoit écrit sur le papier qui la contenoit....

Cochenille élevée & préparée à Saint-Domingue.

En effet, elle sembloit avoir été broyée

& façonnée en petites pillules rondes, de la grosseur des grains de poivre, & elle exhaloit une pénétrante odeur d'huile d'*Hypéricum*. M. *Brulé* fils, annonçoit dans sa lettre d'envoi, qu'il en avoit adressé deux livres à M. le Ministre de la Marine, en le priant d'en ordonner des essais, dont mes informations n'ont jusqu'à présent pu me procurer les résultats. Il est pourtant bien à desirer que le Gouvernement encourage cette éducation dans nos Colonies, où le *nopal* croît spontanément, & que l'on engage M. *Brulé* à nous envoyer les insectes, seulement desséchés, sans aucune addition, ni préparation. On pourra mieux alors arbitrer leur énergie teinctoriale, & jusqu'à quel point on devra s'applaudir de cette conquête sur les productions étrangeres.

Mes premiers essais m'ayant montré combien, avec un peu d'attention, il étoit facile de teindre en écarlate, j'en vins à regretter que cette riche couleur ne pénétrât point l'intérieur du drap, & qu'elle fût d'ailleurs si facile à gâter par les alkalis & leurs émanations. Je me flattai de la porter sur la laine en flocons, qui, filée & tissue, formeroit des draps tranchés, aussi beaux que durables, si le *foulon* ne la tournoit point trop au violant. Je crus que les *mordants* qui assuroient tant d'autres couleurs, étant préalablement donnés à la laine, ajouteroient ce qui manquoit au bouillon d'écarlate, pour rendre celle de la cochenille assez solide, & je me livrai presqu'exclusivement à ce nouveau travail.

Je pris d'abord un gros de laine séche, ci-devant apprêtée *E* ½. Je l'ouvris bien, & je la plongeai dans une demi-pinte d'eau plus que tiede, dans un bassin de cuivre jaune très-net, où elle fut imbibée pendant huit minutes. Enlevée, égouttée dans le même bassin, je posai cette laine sur une assiette de faïance pour prévenir tout contact mal propre. Je fis chauffer l'eau d'imbibition, afin de profiter de tout ce qu'elle auroit pu enlever de l'apprêt ; &

J'y projettai dix-huit grains de crême de tartre broyée au mortier de verre, avec quatre grains pesant de belle cochenille du Mexique.

Lorsque le tout fut prêt à bouillir, j'y versai dix-huit grains de dissolution $E\frac{1}{8}$, puis aussi-tôt l'ébullition, j'y abattis le gros de laine, qui débuta par bringer; mais en une heure de travail assidu, elle s'unit & sortit teinte en une vive couleur de fleurs de *glauçium*.

Le bassin vuidé & bien écuré, j'y ai versé une demi-pinte d'eau, & lorsqu'elle approcha du bouillon, j'y projettai douze grains de crême de tartre, & dix grains de cochenille bien broyés ensemble dans le mortier de verre. Je laissai tirer ce bain pendant vingt-cinq minutes, & j'y versai dix-huit grains de dissolution $E\frac{1}{8}$; j'y réabattis la laine déja teinte, & la travaillai au bouillon pendant cinq quarts-d'heure. Elle en sortit très-unie, & d'une riche & brillante couleur écarlate, qui approchoit beaucoup de celle des *Gobelins*.

J'en pris un loquet que je laiſſai tremper pendant quinze minutes dans une forte diſſolution de ſavon à froid, où elle ne roſa preſque point. J'amenai cette eau de ſavon entre chaud & bouillon, le loquet y reſta ainſi pendant douze minutes, & il y violaça au ton de l'écarlate de Veniſe par le bois de Fernambouc. L'ayant lavé & ſubmergé pendant un quart-d'heure dans le vinaigre de vin, il revint à ſon premier ton écarlate.

J'ai fait feutrer le reſtant de cette teinture pendant plus d'un quart-d'heure avec de forte eau de ſavon, auſſi chaude que les mains la pouvoient endurer, & les feutres ſe ſont trouvés au ton d'un habit d'écarlate un peu roſé par un an de ſervice. L'immerſion pendant trente minutes dans le vinaigre, les a ramenés à la vivacité de la couleur ſortant du bain.

Dans l'opinion que l'écorce de bouleau concourroit à fixer le teint de la cochenille, j'ai voulu ſuivre à-peu-près les mêmes procédés que j'emploie pour le bois de Fernambouc ; & à cet effet, dans trente-six pouces cubes d'eau de puits, j'ai fait cuire pendant une heure, deux gros d'écorce de bouleau. La décoction coulée, j'y ai projetté entre chaud & bouillon, dix-huit grains de crême de tartre, broyée avec quatre grains de cochenille, & avant ce bouillon j'y ai versé dix-huit grains de dissolution *E* $\frac{1}{8}$. Après que le bain a été bien tiré, j'ai abattu un gros de laine d'apprêt *E* $\frac{1}{4}$, qui travaillée pendant une heure, a pris peu de couleur, mais assez unie. La laine enlevée & lavée, j'ai ajouté au déchet un demi-verre d'eau, puis j'y ai projetté douze grains de crême de tartre bien broyée, avec douze grains de cochenille, dont le bain tiré, j'y ai versé dix-huit grains de dissolution *E* $\frac{1}{8}$. Après quelques légers bouillons, j'ai laissé refroidir pour y fondre dix-huit grains d'alun de Rome en poudre ; puis ramené au bouillon, j'y ai réabattu la laine déja teinte, & qui a pris un ton plus beau qu'avec la garence, mais moins vif que l'écarlate. Il se soutient bien au feutrage; mais il me faut recommencer & perfectionner cette opération. Par exemple, je crois devoir en retrancher l'alun, que je soupçonne sujet à violacer la cochenille.

Pour juger laquelle des deux dissolutions *E* $\frac{1}{4}$ ou *E* $\frac{1}{8}$ étoit préférable en écarlate, tant pour préparer la laine, que pour virer le bain, j'ai fait un apprêt, suivant l'usage, de quatre gros de laine par la dissolution *E* $\frac{1}{8}$, & j'en ai teint un gros, en observant toutes doses & manipulations égales. La nouvelle laine est sortie de ses deux bains, unie, très-brillante, mais moins intense que celle de l'apprêt *E* $\frac{1}{4}$. Le feutre a très-peu rosé, & l'avivage en acidule vitriolique un peu plus que tiede, l'a rétabli presque au ton de la laine sortant de la chaudiere.

Pour approcher d'autant plus de la perfection, j'ai fait deux dissolutions d'étain, l'une à $\frac{1}{8}$, l'autre à $\frac{1}{4}$ de métal, & ensuite je les ai mêlées par parties égales. Puis pour tenter l'écarlate sur une demi-livre de laine, j'ai opéré, comme ci-après.

Dans ſix pots d'eau bouillante, j'ai projetté quatre gros de crême de tartre en poudre. Après qu'elle a été bien fondue, j'y ai verſé quatre gros du mélange des deux diſſolutions, & huit gros de ſaumure. Le tout bien mêlé, j'ai abattu la demi-livre de laine imbibée d'eau, & l'ai travaillée au bouillon pendant trois quarts-d'heure, puis enlevée & miſe égoutter.

Dans un nouveau bain d'eau tiede, j'ai jetté une once & demie de crême de tartre pulvériſée, avec deux gros de cochenille par le mortier & pilon de verre. Lorſque le bain bien tiré fut prêt à bouillir, j'y verſai une once de la diſſolution mélangée. Amené au bouillon, j'y abattis la demi-livre de laine préparée, & je l'y travaillai pendant cinq quarts-d'heure. Voyant le bain abſolument décoloré, j'enlevai la laine, qui, refroidie & lavée, ſe trouva d'une teinte au-deſſus de couleur de chair animée, mais bringeant un peu.

Dans ſix autres pots d'eau tiede, je projettai une once de crême de tartre & trois gros de cochenille broyés ensemble ; & ce bain de *rougie* bien tiré, approchant du bouillon, j'y versai six gros de la dissolution mélangée. Après une heure de *rabat*, & de travail de la laine au bouillon, elle en est sortie teinte en écarlate bien unie, mais un peu foible. J'en ai conclu, que si d'après M. *Hellot*, une once de cochenille suffit pour teindre une livre d'étoffe, dont les surfaces seules reçoivent la teinte, cinq gros ne suffisent pas pour teindre une demi-livre de laine en flocons, qui doit en être intimément & intérieurement pénétrée.

J'ai donc enlevé la laine, & dans le déchet alongé d'eau, j'ai projetté deux gros de crême de tartre & deux gros de cochenille, puis quatre gros des dissolutions mélangées. La demi-livre de laine y réabattue, & bouillie pendant une heure, en est sortie teinte d'une belle & chaude nuance écarlate.

Je crois qu'en employant dans le *bouil-*

lon deux gros de cochenille, & quatre gros *dito* dans la *rougie*, elle atteindroit le même ton en deux bains, ce qui constitueroit en dépense d'une once & demie de cochenille par livre de laine.

J'ai pris un demi-gros de cette laine teinte, que j'ai abattu dans un bain de quatre verres d'eau & deux gros de brindilles séches de peuplier d'Italie. Elle y a pris en un quart-d'heure, sans bouillir, une couleur de feu jaune & brûlante, telle que l'écarlate d'Angleterre, ou relevée de *terra merita*.

Ce jaune qui m'étoit recommandé, m'ayant paru un peu trop fort, j'ai, dans le déchet du bain de *rougie* étendu d'eau, fait cuire douze onces de sommités séches de peuplier d'Italie. Après une heure de cuite j'ai enlevé le bois, & abattu les sept onces sept gros & demi de laine restans, qui, tournés & travaillés pendant un quart-d'heure sans bouillir, se sont trouvés d'une vive nuance écarlate, mais un peu plus jaune que celle des Gobelins. Je crois donc que poids pour poids, en brindilles de peuplier, eût suffi pour obtenir le ton desiré.

Quoi qu'il en soit, des loquets de cette laine ayant été feutrés au savon très-chaud, & pendant le double du tems ordinaire, n'ont point absolument changé. Mais il s'agissoit de s'assurer de leur résistance aux effets du foulon.

J'ai donc prié M. Parfait Grandin, de faire filer cette laine, & d'en tisser un petit drap d'essai, qu'on a cousu au bout d'une piece qu'il envoyoit fouler.

Huit jours d'ébrouage & de dégraissage ne lui ont porté aucune atteinte; mais l'action du foulage en a dégradé la teinte en feuille-morte rose séche, & les avivages par divers acides, n'ont pû rétablir qu'imparfaitement la couleur.

J'ai pris le parti de former un bain préparatoire ou bouillon, par deux gros de cochenille & ses accessoires, & j'y ai abattu le petit drap d'essai, qui en est sorti écarlate superbe, parfaitement tranchée, & très-peu très-peu ſuſceptible des émanations de l'atmoſphere. Les habits que l'on feroit avec un drap pareil, ſeroient beaucoup plus durables que ceux d'écarlate ordinaire, dont les parties expoſées aux frottemens, deviennent bientôt blanches ou jaunes. Le ſeul inconvénient ſeroit, que les liſieres & le chef, décéleroient toujours que le drap foulé ſeroit rentré dans la chaudiere. Mais à la coupe, on ne pourroit douter qu'il n'eût originairement été teint en laine, puiſque la *tranche* en eſt auſſi bien colorée que les ſurfaces. Quant à l'excédent de dépenſe, il ſeroit bien peu conſidérable, puiſqu'on peut épargner ſur la teinture de la laine le peu de cochenille néceſſaire pour ce bouillon d'avivage. Au ſurplus, c'eſt le ſeul moyen qui m'ait réuſſi pour réparer les déſordres du foulon. On donneroit enſuite les apprêts & la preſſe, ſans que l'éclat de la couleur en fût terni.

J'ai été curieux de repaſſer en bain d'écarlate, un coupon de drap formé de laine teinte en garence exaltée ; mais il y a jauni

& s'eſt ſali déſagréablement. Il ſemble que ces deux colorans ſoient antipathiques.

Pour juger des effets de l'alun dans l'écarlate, j'en ai ajouté neuf grains dans le bain préparatoire, ou *bouillon*, dans lequel j'ai abattu un gros de laine d'apprêt $E\frac{1}{8}$. La couleur de ce bouillon étoit beaucoup plus roſée qu'à l'ordinaire, même après une heure & demie de travail. La laine enlevée étoit inégalement teinte en écarlate.

Dans ce déchet allongé d'un verre d'eau, j'ai jetté neuf grains de cochenille broyée avec dix grains de crême de tartre & ſix grains d'alun. Le bain étant bien tiré, j'y ai verſé dix-huit grains de diſſolution $E\frac{1}{8}$, & réabattu la laine déja teinte, ſans la laver. Après cinq quarts-d'heure de travail & d'ébullition, elle s'eſt trouvée très-uniment teinte en écarlate chaude de couleur, n'ayant beſoin que d'addition de jaune. Mais le feûtre s'eſt comporté comme quelques autres, c'eſt-à-dire, qu'il a pris un peu de roſage que les acides font diſparoître.

Dans l'eſpoir d'épargner le tems & le travail, de vuider la chaudiere, & de renouveller l'eau & la chauffe à chaque opération, j'ai fait mes deux bains de ſuite, en alongeant ſeulement d'eau le déchet du bain de bouillon, & y ajoutant le colorant du ſecond, nommé bain de *rougie*. La laine en eſt ſortie belle, mais moins vive en couleur, que celle qui, pour comparaiſon, avoit été teinte en deux bains neufs. Je crois donc que notamment en grand, il faut prendre la peine de renouveller l'eau pour chacun.

Deſirant m'aſſurer ſi le cuivre rouge influoit ou non, ſur la beauté de l'écarlate, j'ai pris une caſſerole neuve de cuivre rouge non étamée, mais bien décapée, dans laquelle j'ai fait l'apprêt de quatre gros de laine, par diſſolution $E \frac{1}{6}$. J'ai décanté moitié du déchet de cet apprêt, & dans le reſtant allongé d'eau, j'ai fait le bouillon d'écarlate ordinaire. Un gros de laine ci-deſſus $E \frac{1}{6}$, y étant abattu & travaillé, en eſt ſorti tel que je pouvois l'attendre. Cette laine enlevée, j'ai ajouté de l'eau au déchet avec les ingrédiens du bain de rougie, & la laine y réabattue, a pris bien uniment la couleur écarlate. Après l'avoir enlevée une ſeconde fois, j'ai encore remis de l'eau dans le déchet, & j'y ai fait cuire un gros de brindilles ſéches de peuplier d'Italie, puis y réabattu la laine, qui, travaillée pendant un quart-d'heure ſans bouillir, en eſt ſortie abſolument pareille à celle ci-deſſus, teinte en baſſin de laiton, ſans renouveller les eaux, exepté le bain de *jaunie*, communiqué à celle-ci.

J'ai répété l'opération dans la caſſerole de cuivre rouge, mais ſur laine-vierge, & telle qu'on eſt dans l'uſage de l'employer pour cette teinture, en renouvellant l'eau après le *bouillon* pour le bain de rougie, ainſi que pour celui de *jaunie*, par poids pour poids de peuplier. La laine en eſt ſortie éblouiſſante, mais elle a plus roſé au feutrage. Donc l'apprêt $E\frac{1}{6}$ concourt à la ſolidité: donc auſſi en tenant les chaudieres bien propres, il eſt très-poſſible de teindre de belle écarlate dans celles de cuivre rouge.

Ayant peine à renoncer à l'eſpoir de fixer la cochenille par l'écorce de bouleau, j'ai fait cuire un gros de cette écorce pulvériſée, dans une demi-pinte d'eau, pendant une heure. J'ai projetté dans la colature dix-huit grains de crême de tartre, & dix grains de cochenille broyés enſemble, puis un peu avant l'ébullition, j'y ai verſé dix-huit grains de diſſolution ammoniacale *E*, où, par l'eau régale de M. *Sage*, j'y ai enſuite abattu un gros de laine apprêtée par cette même diſſolution; elle y a pris un beau mordoré rouge.

Plus un demi-gros de laine préparée par une diſſolution *E* dans quatre cinquiemes d'acide marin, & un cinquieme d'acide nitreux, cette derniere y a pris un mordoré moins rouge, & portant davantage au marron.

D'où je ſuis obligé de conclure que l'écorce de bouleau ne convient point à la Cochenille, qu'elle mordore trop.

J'ai pétri de la laine-vierge dans la dissolution d'étain, par l'huile de vitriol, & je l'ai teinte en deux bains de Cochenille, aiguisés par la même dissolution, dont elle est sortie teinte presqu'en cramoisi. Mais la laine seulement apprêtée par cette dissolution vitriolique, la saumure & la crême de tartre, acquiert dans ces mêmes deux bains de cochenille la nuance écarlate qui résiste le mieux au débouilli de cinq minutes dans l'eau de savon. Elle y violace encore un peu, mais l'immersion dans l'acide lui rend sa vivacité.

Dans le déchet de ces bains de Cochenille, j'ai encore abattu un demi-gros de laine ainsi préparée par la dissolution vitriolique; elle y a encore acquis un beau ton écarlate, moins intense, à la vérité, mais aussi solide.

Je crois que le moyen le plus économique pour teindre la laine destinée à former un drap écarlate, seroit de l'apprêter ainſi par cette diſſolution vitriolique : l'abattre enſuite dans le bain préparatoire ou de bouillon : dans lequel on employeroit moitié de la Cochenille deſtinée aux deux bains : faire filer la laine ainſi à moitié teinte ; en fabriquer le drap ; l'envoyer au foulon ; au retour duquel on teindroit la picée dans le bain de rougie, composé de l'autre moitié de la Cochenille ; puis apprêter & preſſer le drap à l'ordinaire. Ainſi chacun des deux bains devroit être coloré par ſix gros de Cochenille par chaque livre de laine, ce qui ne ſeroit pas une dépenſe excédente, comparable à la longue durée des habillemens ou des meubles qu'on en formeroit.

Il ne reſteroit donc qu'à travailler la laine dans le bain de bouillon aſſez exactement, pour qu'elle ne bringeât point, & c'eſt à quoi on réuſſiroit plutôt par cet apprêt, que par tout autre. Mais ſubſiſteroit toujours l'inconvénient d'opinion, des *liſieres* & du *chef*, qui ſe trouvant néceſſairement coloriés, dénonceroient la double teinture. Je me propoſe de vérifier au mois de Mai prochain cette conjecture que je ne forme qu'en écrivant cet article, & j'en rendrai compte dans les Journaux.

CROISETTE DE PORTUGAL. (*Cruciata Luſitanica Latifolia Glabra, Flore albo*). J'ai retrouvé en 1787 un peu de cette racine, broyée dès 1782; & curieux d'éprouver quel préjudice un auſſi long eſpace de tems auroit pu lui cauſer, j'en ai formé un bain. Son colorant a ſoutenu la concurrence avec celui de la plus belle garence recueillie & robée en 1787. J'attribue cette longue conſervation, à ce que les racines de Croiſette ſont plus ligneuſes que celles de la garence, dont le parenchyme abondant eſt beaucoup plus ſuſceptible d'une fermentation inteſtine, qui la détériore auſſi-tôt que la moindre humidité vient à la favoriſer.

E

EUPHRAISE. (*Euphrasia Officinalis*). Dans trois quarts de pinte d'eau, j'ai fait cuire deux onces des plantes fraîches & fleuries de l'Euphraise à fleurs blanch.. Leur bain, couleur de musc, étant coulé, j'y ai abattu un gros de laine & d'étoffe apprêtées $E \frac{1}{4}$, qui y ont acquis une bonne nuance de Vigogne rembrunie, bien solide, mais sans reflet. On peut lui en donner, en repassant dans un bain de bayes séches de bourdaine, & alors c'est une agréable nuance de carmélite.

EUPHORBE TITHYMALE, GRANDE ÉZULE, (*Euphorbia Palustris*). J'avois précédemment essayé celle qui croît dans les marais, où elle se plaît particuliérement. Mais en ayant rencontré par hasard une plante très-vigoureuse sur un côteau sabloneux & fort aride, j'en espérai davantage.

Dans une demi-pinte d'eau je fis cuire une once & demie de ses feuilles & tiges en fleurs. Ce bain étant coulé, j'y abattis un demi-gros de laine-vierge pétrie *E*, lavée, qui d'abord y prit une jolie nuance de citron qui monta au jaune, & après une longue réduction, acquit une belle bruniture d'aurore.

F

FILIPENDULE. (*Spiræa Filipendula*). Dans une demi-pinte d'eau, j'ai fait cuire une once & demie de feuilles & tiges fleuries de Filipendule. Le bain jaune-fauve, très-riche, promettoit beaucoup; cependant la laine-vierge pétrie *E*, lavée, n'y a pris qu'une bruniture de jaune terne, & la laine d'apprêt *AT*, seulement une grisaille foncée.

FUCUS CORALLINE. Dans un verre d'eau placé dans un bain-marie, j'ai fait cuire un demi-gros de Fucus coralline très-pourpré, que m'avoit donné M. Vaſtel, Avocat, Membre de l'Académie de Rouen.

Le bain devenu un peu roſe, exhaloit l'odeur de violette d'une infuſion d'excellent thé; mais les laines de divers apprêts n'y ont acquis aucune couleur.

J'ai voulu éprouver ſi ce *Fucus* ne ſeroit point un de ceux que *Pline, le Naturaliſte*, & d'après lui, M. *le Pileur d'Appligny*, annoncent comme préparatoires ou *mordans*, qui diſpoſoient les laines à prendre la teinture. En conſéquence j'ai pris celles qui en étoient ſorties incolorées, & je les ai plongées dans divers bains, où elles n'ont acquis aucune couleur décidée, ce qui prouve l'inutilité abſolue de ce Fucus en teinture.

G

GARENCE. (*Rubia tinctorum*). Dans douze pouces-cubes d'eau, j'ai fait cuir deux gros de ma plus belle garence, récolte de 1787, exactement robée. Le bain tiré sans bouillir & coulé, j'y ai abattu un gros de laine-vierge pétrie *E*, lavée une fois. Le bain entretenu tiede pendant un quart-d'heure, puis légérement chauffé pendant vingt minutes, j'ai enlevé la laine très-également teinte en une couleur brûlante, très-semblable à de l'écarlate où l'on auroit prodigué la *jaunie*. La laine du même apprêt, mais lavée deux fois, a pris un ton plus rosé, mais moins brillant.

Dans une demi-pinte d'eau, j'ai fait cuire pendant une heure, trente-six grains de Fernambouc, & après avoir laissé refroidir un peu cette décoction, j'y ai ajouté deux gros de garence, dont j'ai tiré la couleur entre chaud & bouillon. Ce bain coulé, j'y ai abattu un gros de laine & un gros d'étoffe apprêtés $E\frac{1}{8}$, qui y ont acquis un superbe mordoré rouge, très-chaud à l'œil, qui résiste au vinaigre; mais l'étoffe n'y a point tranché.

J'ai formé un autre bain, dans lequel

j'ai fait cuire trente-six grains de Fernambouc, neuf grains de Campêche effilé, puis un gros de Garence. J'ai abattu dans la colature un gros de laine & un gros d'étoffe apprêtés $E \frac{1}{8}$, qui y ont pris un cramoisi-pourpre, assez beau & solide au vinaigre; mais l'étoffe n'y a point mieux tranché que dans l'expérience précédente.

J'en conclus que dans l'une & l'autre, la garence a suffi pour fixer les bois de Fernambouc & de Campêche. Mais pour des nuances tendres & transparentes, on ne pourroit pas la substituer à l'écorce de bouleau, qui ne communique presque point de couleur, tandis que la garence en fournit beaucoup.

J'ai tenté de faire des mordorés très-riches, pour les substituer aux ignobles couleurs *cul de bouteille*, dont on a raffolé pendant l'hiver de 1786. Le plus beau de ces mordorés résulte de laine d'apprêt $E \frac{1}{12}$, teinte d'abord en poids pour poids de belle garence. Après l'effet de ce premier bain, j'ai enlevé la laine, & dans le déchet allongé d'un verre d'eau, j'ai fait cuire un demi-poids de bois de Fernambouc, puis dans la colature j'ai réabattu la laine déja teinte en garence. Il en suit un mordoré qui participe de l'écarlate & du cramoisi, très, & peut-être trop brûlant à l'œil dans ses reflets. On l'a trouvé seulement un peu cher pour la Fabrique d'Elbeuf: il conviendroit mieux pour celle de Louviers.

Dans un bain de soixante-quinze pots d'eau, j'ai fait cuire six livres d'écorce séche de bouleau, deux livres de bois de Fernambouc rapé, quatre onces de bois de Campêche effilé, & huit onces d'alun de Rome. Dans la colature de ce bain, j'ai abattu sept livres & demie d'étoffes de laine apprêtées *E* $\frac{1}{11}$, qui ont acquis une nuance charmante de cramoisi tendre, giroflée, brillante & solide.

Dans le déchet allongé de dix pots d'eau, aiguisé par deux livres d'écorce de bouleau, & une livre de bois de Fernambouc, j'ai teint huit aunes de raz de castor blanc du même apprêt, qui d'abord avoit acquis le même ton cramoisi-giroflée. Mais le desirant plus foncé, je l'ai encore travaillé au fort bouillon pendant demi-heure, & il en est sorti teint d'un beau mordoré pourprant & très-solide.

Par l'essai que j'en ai fait en petit, ce second déchet étoit encore en état de teindre sept aunes d'espagnolette en mordoré, riche & pourprant.

Dans six verres d'eau, j'ai fait cuire pendant une heure, deux gros d'écorce sèche de bouleau, puis j'y ai ajouté quarante-huit grains de bois de Campêche effilé, que j'ai laissé cuire encore pendant une heure. J'ai abattu dans la colature de ce bain un gros de laine-vierge pétrie *E*, lavée une fois, qui en est sortie teinte en une agréable nuance de fleur de violette, bien unie, solide & transparente.

Dans un bain absolument semblable à celui ci-dessus, j'ai fait fondre dix-huit grains de sel-ammoniac d'Egypte, & la laine-vierge pétrie *E*, lavée une fois, y a pris une ſuperbe teinte en *Prune de Monſieur*, la plus brillante que j'euſſe jamais obtenue de mes eſſais précédents ſans addition de Fernambouc.

Dans une demi-pinte d'eau, j'ai fait cuire une once & demie de racines fraîches de Garence, pilées dans le mortier de marbre. Dans leur bain coulé, j'ai abattu un gros de laine-vierge pétrie *E*, lavée à trois eaux, & qui néanmoins y a pris encore une vive couleur de fleurs de *glaucium*.

GENÊT, petit épineux. (*Geniſta Anglica*). Ce joli arbuſte qui ſe couvre de fleurs plus mignonnes encore que celles de l'*émérus*, ne croît que par petites touffes iſolées & rares dans les communes en bruyeres. Mais par-tout où il ſe trouvera, il convient de le multiplier en faveur de ſon énergie teinctoriale.

J'étois loin de la ſoupçonner, & depuis huit ans j'avois négligé de l'interroger. Cependant la rareté des ſujets nouveaux d'expériences, m'y détermina au mois

d'Avril

d'Avril 1787; & je m'en applaudis, puisqu'il me fournit un article intéressant de ce Supplément.

Dans trois quarts de pinte, ou dix-huit pouces-cubes d'eau, j'ai fait cuire une once des sommités fleuries de ce petit Genêt, sans les hacher. Après une heure de cuite, le bain étoit coloré en citron très-pur. J'ai abattu dans sa colature un gros de laine-vierge, pétrie *E*, lavée une fois, qui a pris subitement & très-uniment un jaune pur, qui s'est maintenu pendant un quart-d'heure entre chaud & bouillon. Alors j'en ai enlevé une moitié agréablement teinte en jaune soyeux, franc & vif, què je crois propre à faire du beau vert sur la cuve d'Inde.. J'ai poussé au bouillon pendant une demi-heure l'autre moitié, ce qui lui a procuré un jaune-aurore bien doré. L'une & l'autre portion a conservé sa nuance au feutrage, & à quinze minutes d'immersion dans le vinaigre de vin. J'ai voulu connoître ensuite ce que produiroient les branches ligneuſes, dépouillées de brindilles, de feuilles & de fleurs; & j'en ai haché une once, qui, cuite pendant une heure dans la même quantité d'eau, m'a donné un bain exactement ſemblable. Un gros de laine pétrie *E*, lavée une fois, y a pris les mêmes nuances & de la même ſolidité. La portion tournée au jaune aurore par demi-heure d'ébullition, y ayant été ſoumiſe encore pendant une heure, a contracté un ton plus foncé, mais mat. Un troiſieme eſſai ſur la plante entiere, a produit les mêmes effets.

M. Grandin, content de la beauté de ce jaune, n'y a trouvé à redire que la quantité de ſept à huit poids pour un poids de laine. J'ai donc tâché de la réduire à quatre poids; mais la nuance que j'en ai obtenue, n'étoit plus qu'un beau citron queue de ſérin, brillant, ſolide & très-uni. Donc il en faut ſept poids, ou tout au moins ſix, pour avoir un beau jaune.

J'ai voulu voir quel rôle joueroit dans un bain de ſept poids du *Geniſta Anglica*, la laine d'apprêt *AT*; mais au-lieu d'y contracter subitement la nuance à l'instant même de l'immersion, elle ne l'a prise que graduellement. Après un quart-d'heure de bouillon, j'obtenois un assez beau jaune, quoique moins pétillant que par l'apprêt ci-dessus *E*, & beaucoup bringé. Deux heures d'ébullition ont procuré les tons aurores, mais je n'ai jamais pu les unir. Il faut donc bannir les apprêts *AT* des opérations où ce colorant entrera pour tout, ou pour partie.

GENET A BALAIS. (*Spartium Scoparium*). Le cœur coloré du gros bois du Genêt à balais, haché depuis 1780, & gardé dans un sac de papier mal clos, m'a donné en 1787, sur laine-vierge, pétrie *E*, lavée une fois, une bonne nuance aurore-mordorée. J'ai fait un bain neuf, dans lequel j'ai réabattu la même laine, qui en est sortie superbe en mordoré très-transparent, & fort uni, tandis que dans mes essais de 1780, la laine d'apprêt $E\frac{1}{8}$, y avoit bringé horriblement. J'ai répété les mêmes expériences ſur le cœur coloré du gros bois de Genêt récemment coupé, ſans y obſerver aucune ſupériorité.

Voilà donc encore un de nos bons ingrédients très-facile à conſerver, qui, par conſéquent, peut entrer dans le commerce, & procurer des reſſources aux pauvres habitans des pays diſgraciés, où le Genêt eſt commun.

Mais il nous reſte toujours à découvrir le véritable mordant, capable de tranſmettre à la laine cette belle couleur ceriſe, qui diſtingue le bain du cœur coloré du gros bois de Genêt. J'ai voulu le traiter comme celui de la cochenille; mais l'addition des ſels, & de la diſſolution d'étain, l'a tellement amaigri, qu'il eſt devenu jaune comme celui de la fumeterre. La laine-vierge pétrie *E*, lavée, y eſt reſtée pendant une heure de bouillon, teinte en un jaune-chamois terne. Enfin après encore quatre heures d'ébullition & réduction preſqu'entiere, elle en eſt ſortie teinte en Nanquin-canelle, mais privée de ce reflet, qui distingue les autres teintures faites par cet ingrédient.

Géranium Rotundifolium. (*Pied de pigeon*). Dans une demi-pinte d'eau, j'ai fait cuire pendant une heure, deux onces de plantes fraîches & entieres de ce Géranium. Le bain d'un jaune foible & mat étant coulé, j'y abattis de la laine-vierge pétrie *E*, lavée, qui prit & conserva pendant deux heures de bouillon cette ignoble nuance, & ne passa au Nanquin qu'après réduction presque complette. Donc c'est une plante à rejetter de la Botanique des Teinturiers.

J

Jonc marin. (*Ulex Europæa*). Dans une demi-pinte d'eau, le 15 Juin 1786, j'ai fait cuire doucement deux gros de fleurs séches de Jonc marin restées à l'air sur le plancher de plâtre d'une chambre, depuis le mois de Mars 1780. Le bain jaune doré s'eſt porté avantageuſement ſur la laine-vierge pétrie *E*, lavée une fois. Cette expérience conſtate la facilité de conſerver cet ingrédient, & d'en faire un objet de commerce, au profit des cantons où le défaut d'autres occupations peut déterminer à cueillir & faire ſécher cette fleur à l'ombre.

L.

LITHOSPERMUM ARVENSE MINUS. Dans une demi-pinte d'eau, j'ai fait cuire une poignée des tiges fraîches de cette plante, chargées de fleurs d'un petit bleu-violant. Dès le premier bouillon, le bain a jauni, & s'eſt ainſi maintenu pendant une heure d'ébullition. J'ai abattu dans ſa colature cinquante-quatre grains de laine vierge, pétrie *E*, lavée, & dix-huit grains d'autre laine, d'abord engalée, puis bouillie en alun & tartre.

Dès après un quart-d'heure de bouillon, la laine pétrie a pris un joli citron verdâtre, qui ne s'est pas démenti, même à la réduction.

La laine engalée & préparée *AT*, d'abord un petit-gris, que la réduction a porté au Nanquin-clair.

Lychen fongueux du Marsaule. J'ai trouvé le long de la tige & des grosses branches d'un Marsaule, dont la cime commençoit à pourrir, une quantité de Lychen fongueux en forme de coralline, mais d'un gris-verdâtre & argenté. J'en ai pesé deux gros, que j'ai fait bouillir pendant une heure, dans trois verres d'eau. Ils lui ont communiqué une très-légere teinte de citron, & l'odeur nidoreuse des champignons délétères. Ce bain coulé, j'ai exprimé dans un linge le marc du *Lychen*, qui a fourni encore un peu de liquide mucilagineux. Le tout remis au bouillon, j'y ai abattu un demi-gros de laine d'apprêt *E* ammoniacal, qui, après très-longue cuite & réduction considérable, a pris bien uniment un charmant Nanquin-blond.

M

MOURON COMMUN, que l'on donne aux ferins.

Dans cinq verres, ou un peu plus d'une demi-pinte d'eau, j'ai fait cuire quatre onces de plantes fraîches & fleuries du Mouron commun à fleurs blanches. Après une heure de bouillon, j'ai coulé le bain citron mat & verdâtre, & abattu un gros de laine d'apprêt *E*, ammoniacal, qui n'y a pris qu'un gris doré, presque l'uniforme des Quakers de l'Isle de Nantucket.

N

NACARAT DE BOURRE. Dans trois verres d'eau & un verre de fonte de bourre, j'ai abattu un gros de laine d'apprêt *E* $\frac{1}{8}$. Elle y a pris au bouillon un joli rose tendre, qui ne s'est point démenti au feutrage, & très-peu au vinaigre; cela permettroit d'espérer qu'avec cet apprêt, ce colorant pourroit être rendu aux atteliers de bon teint, dont jusqu'à présent sa fugacité l'a fait proscrire. Il faut l'essayer en fortes nuances. S'il s'y maintient, il deviendroit un précieux supplément au bois de Fernambouc.

O

ORSEILLE. En ayant trouvé un restant qui s'étoit desséché au fond d'un pot de faïance, j'ai été curieux de la traiter comme la cochenille. En conséquence j'ai fait le bain préparatoire, ou bouillon, en employant les mêmes doses, mais en substituant seulement l'Orseille séche & pulvérisée à la cochenille. La laine vierge pétrie E, lavée une fois, y a pris, à très-peu près, le ton requis. Mais en sortant du bain de rougie, elle étoit teinte en mordoré solide au vinaigre. Le savon chaud du feutrage l'a repourprée, puis dix minutes d'immersion dans le vinaigre l'ont remordorée; partant fausse couleur. Cependant comme elle est belle au sortir du savon, elle pourroit suppléer au Fernambouc, de la maniere dont on l'emploie dans nos atteliers, d'où il ne sort point plus solide.

ORTIE A FLEURS POURPRES. (*Lamium purpureum*).

Dans une pinte d'eau j'ai fait cuire pendant une heure quatre onces de ses tiges fraîches & fleuries. Le bain olive fauve étant coulé, j'y ai abattu un gros de laine d'apprêt E, ammoniacal, qui, après une demi-heure de bouillon, a pris un joli citron verdâtre; puis au très-long bouillon, une belle nuance ronce d'Artois, que le feutrage n'a point dégradée.

P

PAQUERETTE. (*Bellis Perennis*).

Dans cinq verres ou trente pouces-cubes d'eau, j'ai fait cuire pendant une heure, deux onces de ces plantes entieres, fraîches & fleuries. Le bain, couleur de citron, étant coulé, un gros de laine-vierge pétrie E, lavée, y a pris un musc clair & doré, belle bruniture de jaune; mais ce n'a été qu'après une très-longue ébullition.

PARÉTUVIER, ou peut-être, PALÉTUVIER (écorce de).

M. *Bunel*, Négociant à Rouen, m'a donné sous cette dénomination de *Parétuvier*, une écorce épaisse depuis une jusqu'à deux lignes, qui étant broyée, ressemble à de la garence commune non robée; mais cette écorce n'a point de saveur.

Dans une demi-pinte d'eau, j'ai fait

cuire pendant une heure, deux gros de cette ſubſtance; & dans la colature du bain mordoré foncé, j'ai abattu un demi-gros de laine d'apprêt $E \frac{1}{8}$, & un écheveau peſant auſſi un demi-gros de coton préparé, pour petit rouge de Rouen. La laine y a pris un mordoré ſolide, tel que le lui auroient procuré, mais à triple doſe, les écorces de hêtre & d'érable mélangées. L'écheveau de coton y a gagné une couleur aurore canelle, qui réſiſte au vinaigre.

PASTEL. (*Iſatis tinctoria*). L'emploi conſidérable de cet ingrédient dans nos atteliers de bon teint, m'a fait long-temps penſer qu'on ne pouvoit rien ajouter ni à la préparation que le cultivateur lui donne avant de l'expoſer en vente, ni aux procédés par leſquels le Teinturier ſçait en extraire un bleu, tout à la fois agréable & ſolide. Cette plante fraîche n'étoit pas même du nombre de celles que j'avois inutilement ſoumiſes au travail de l'*indigotier*, dans l'eſpoir d'en obtenir la ſeule couleur que notre climat sembloit refuser à mes recherches. Cependant vers la fin de l'automne 1786, ayant attentivement lu les procédés que feu M. *Hellot* donne des diverses cuves de bleu dans son *Art de la Teinture*, je me sentis inspiré, par ce qu'il ajoute, pages 221 & suivantes, comme ci-après.

« On a vu (dit ce Savant) par la des-
» cription que j'ai donnée de l'une &
» l'autre de ces cuves, que celle du *Pastel*,
» est infiniment plus difficile à conduire
» que l'autre. J'estime, & je crois qu'il
» est très-raisonnable de le supposer,
» qu'on pourroit applanir toutes ces dif-
» ficultés, si l'on vouloit tenter de pré-
» parer en France l'*Isatis*, comme on
» prépare l'*Anil* aux Indes Occidentales.
» Il faut donc mettre ici en parallele leurs
» différentes préparations. J'emprunte ce
» qu'on va lire, des Mémoires de M. *Astruc*,
» pour l'Histoire Naturelle du Langue-
» doc, &c. &c.

» Selon les Teinturiers, le Pastel ne

» fait que des couleurs languissantes &
» foibles, au-lieu que celles de l'Indigo
» sont vives & éclatantes. Il faut même
» convenir que l'opinion des Teinturiers
» est assez conforme à la raison. L'Indigo
» est une poudre fine & subtile, capable
» par conséquent de pénétrer aisément
» dans les étoffes, & de leur donner une
» couleur éclatante. Le Pastel, au con-
» traire, n'est qu'un marc grossier, chargé
» de beaucoup de parties terreuses, qui
» ralentissent l'action & le mouvement
» des parties subtiles, & les empêche
» d'agir efficacement.

» Je ne connois qu'un moyen de re-
» médier à cet inconvénient; c'est de
» préparer le Pastel de la même ma-
» niere qu'on prépare l'Indigo. Par-là on
» donneroit aux couleurs faites avec le
» Pastel, l'éclat & la vivacité de celles
» qu'on fait avec l'Indigo, sans rien dimi-
» nuer de l'excellence & de l'*assurance*,
» qui rendent particuliérement recomman-
» dables, les couleurs où le Pastel entre.

» J'ai déja fait en petit, (ajoute M. » Astruc) des épreuves de ce que je pro» pose, & ces épreuves m'ont réussi, non» seulement dans la préparation de la » poudre de Pastel, mais aussi dans l'usage » de cette poudre pour la teinture. C'est » à ceux qui sont préposés pour veiller à » l'utilité publique, de faire faire sur » cette matiere des épreuves en grand; » & si elles ont le succès qu'on croit pou» voir s'en prometere, ce sera à eux d'ex» citer ceux qui cultivent le Pastel, à suivre » cette nouvelle maniere de le préparer, » & à régler les *encouragemens* qu'il » convient de leur donner au commen» cement, pour les mettre en état de » soutenir les dépenses où cette nouvelle » pratique les engagera, jusqu'à ce que » l'avantage connu qu'ils en retireront, » puisse suffire pour les y déterminer.

» Je ne savois pas (reprend M. Hellot) » que M. Astruc eût eu la même idée » que moi, quand je proposai la pre» miere fois d'essayer en Languedoc la

» méthode des Amériquains; mais ayant
» lu depuis ſes Mémoires ſur cette Pro-
» vince, je fus charmé d'avoir penſé
» comme cet habile homme; & puiſqu'il
» a réuſſi dans des expériences en petit,
» il eſt probable que l'entrepriſe auroit
» le même ſuccès en grand . . . . . page 240.
» Si l'on réuſſit, il n'y a pas de doute qu'il
» ne ſe trouve beaucoup d'autres plantes
» du même caractere que l'Iſatis, qui
» donneront une même fécule. Il eſt pro-
» bable que le vert foncé de pluſieurs
» plantes eſt composé de jaune, & d'une
» forte doſe de parties bleues. Si par la
» fermentation on pouvoit détruire le
» jaune, le bleu reſteroit: cette idée
» n'eſt pas abſolument chimérique, &
» peut-être ne ſeroit-il pas difficile de
» prouver qu'on en peut tirer quelque
» utilité. . . . . . »

J'ai dû citer exactement ce que deſſus, pour prévenir tout ſoupçon de prétention de ma part dans le détail des ſuccès que j'ai obtenus par la ſuite. L'inutilité de mes

recherches

recherches ſur le procédé de M. Aſtruc, qu'on m'a aſſuré ne s'être point trouvé dans ſes manuſcrits; le ſilence le plus abſolu ſur les tentatives qu'avoient naturellement dû ſuggérer les conjectures & les aſſertions de deux Savans renommés; tout me débarraſſa de l'inquiétude d'être prévenu dans la carriere. Mais pour y entrer avec fruit, quoique peut-être par des ſentiers détournés, je crus devoir m'aſſurer la diſpoſition d'une certaine quantité de plantes de Paſtel dans ma réſidence, où cette culture eſt inuſitée. J'en ſemai donc, au mois de Décembre 1786, environ trois perches de terre en plein champ, pour arbitrer ſi les inconvénients du gibier, des beſtiaux, du ſol & de l'intempérie, pouvoient obliger de le cultiver à grands frais dans un jardin.

Dès le mois d'Avril 1787, je fus aſſuré combien cette plante en eſt peu ſuſceptible, & le 16 Juin ſuivant, pluſieurs feuilles ayant acquis le *lymbe* violet, ſigne de leur maturité, j'en cueillis une médiocre poignée, que je fis cuire dans une pinte & demie d'eau. Après une heure d'ébullition, le bain de couleur brune-mordorée, fut tiré à clair, & j'y abattis un gros de laine pétrie *E*, lavée, qui y prit & soutint au bouillon une espece de musc violant, comme s'il y eût eu addition de bois de Campêche. La continuité du bouillon tourna cette couleur entre noir & violet. Cette laine enlevée, j'ajoutai au déchet quelques gouttes de dissolution de fer par l'acide marin. Moitié de la laine déja teinte y réabattue, y acquit, après deux heures d'ébullition, un beau brun noirâtre & transparent, couleur alors à la mode.

Quinze jours après, je fis cuire dans une pinte & demie d'eau, une nouvelle poignée d'Isatis, qui me procura un bain semblable à celui de la premiere expérience. J'en pris douze pouces cubes dans un vase de verre, & j'y ajoutai autant d'alkali Prussien, qui d'abord le vira en vert. J'y abattis un demi-gros de laine préparée par *A T* avec un peu de dissolution de fer; cette laine prit inégalement un petit bleu verdâtre. J'échauffai ce vase dans un bain-marie, jusqu'à ébullition, pendant une heure, & la laine en sortit fatiguée par l'alkali, mais teinte en un tendre bleu de ciel solide au savon & au vinaigre.

Le trois Juillet 1787, je versai dans un bassin de cuivre jaune, trois quarts de pinte d'eau & un quart de pinte d'alkali Prussien, & sur un très-petit feu j'y fis infuser doucement une médiocre poignée de feuilles vertes de Pastel. A peine en augmentant un peu le feu, ce bain parvint entre chaud & bouillon, qu'il se colora en vert-canard, tirant sur le bleu, dont quelques gouttes tombées sur une assiette de fayence & évaporées, laisserent sur son émail blanc, des taches d'un bleu clair. Ce dépôt bien sec, frotté avec le doigt, y forma des traces d'une fécule très-fine, & de couleur de l'outremer. Bientôt une légere addition de feu fit disparoître du bain la nuance de vert-canard, qui fut remplacée par un vert-olivâtre, dont le dépôt ſur l'aſſiette n'étoit plus qu'olive foncée & ſale.

Le même jour, dans la même quantité d'eau, mais avec ſeulement huit pouces cubes d'alkali Pruſſien, je répétai cette expérience avec le même ſuccès ; mais dès que le bain vert-canard put dépoſer du bleu ſur l'aſſiette, je le ſoutirai, & j'en verſai partie dans un grand verre conique, pour obſerver le précipité de cette fécule. Le ſeul mouvement occaſionné par ce verſement, couvrit l'orifice du verre, d'une *florée* bleue, dans les intervalles de laquelle on voyoit la pellicule cuivreuſe. Cette *florée* écumée avec les barbes d'une plume, & miſe à ſécher ſur un papier, ſe trouva d'un beau bleu d'indigo.

Le 15 Juillet, voyant très-peu de précipité au fond du verre conique, je brouillai le tout, & le verſai ſur un filtre de papier-Joſeph, qu'il colora en beau bleu, tel que celui d'une peinture d'indigo ſupérieurement broyé & délayé dans l'eau. Un léger bouton de fécule bien bleue, se put ramasser à la pointe du filtre. Je fus dès-lors certain d'avoir de l'indigo, extrait des feuilles fraîches du Pastel, mais en si petite quantité, que je n'en pouvois espérer aucun avantage.

Comme je n'avois obtenu la couleur vert-canard, & le dépôt bleu sur l'émail, que des seuls bains dans lesquels j'avois mêlé de l'alkali Prussien, je ne doutai pas que cette addition ne fût nécessaire. Mais cet alkali est dispendieux, & jusqu'à un certain point difficile à faire. J'essayai donc d'y substituer la lessive caustique des Savoniers, au degré quatre de leur pese-liqueur, & j'en obtins le même succès. Après avoir filtré tout le bain, je recueillis vingt-deux grains de fécule séche, ressemblante à de l'indigo d'*anil*, sauf un peu moins d'intensité de bleu. J'étois impatient d'en constater l'identité; mais vingt-deux grains ne suffisoient pas pour en monter une petite-cuve d'Inde. Un ami me conseilla de les dissoudre dans l'huile de vitriol, pour en faire *le bleu de Saxe*, qui me donna sur les flocons & étoffes de laine, les mêmes effets que cette composition formée par l'indigo d'Amérique. Dès-lors je me livrai par degrés à des essais variés & plus en grand, notamment par des procédés approchants de ceux de l'indigotier.

Le vingt Juillet, je versai dans un vase de faïence deux seaux d'eau de puits, & j'y entretins plongées quatre livres & demie de feuilles fraîches de Pastel. Dès le troisieme jour la surface de l'eau verdâtre étoit couverte d'une espece de poussiere bleue, & les bulles que la fermentation faisoit monter, formoient une fleurée de la même couleur. Le 24 au soir, les feuilles étant très-macérées, & exhalant une odeur *acido-fétide*, je les enlevai. Le liquide restant n'étoit que de couleur olivâtre. Je le transvasai dans des pots à beurre, dont la forme colonnale devoit faciliter la réunion de la fécule, s'il s'en déposoit.

Le vingt-cinq au matin, j'y plongeai un tube de verre, que je retirai plein, en bouchant avec le pouce son orifice supérieur; & cette espece de *sonde* ne m'annonça aucun dépôt. Convaincu par-là de l'indispensabilité du mélange de l'alkali, j'y versai une pinte de lessive caustique des Savoniers, au degré quatre: puis avec trois baguettes réunies par un bout dans la main, j'émoussai & agitai vivement ce mélange pendant dix à douze minutes. La couleur olivâtre passa par degrés au vert-canard: puis au bleu ardoisé, avec beaucoup de mousse, ou florée bleuâtre. Alors je laissai rasseoir en lieu frais jusqu'au premier Août.

Je trouvai ledit jour le liquide très-décoloré à sa surface, & je décantai doucement jusqu'à ce qu'il apparût du dépôt, lequel réduit environ à deux pintes, fut bien agité avec les baguettes, & versé sur des filtres, d'où la fécule ramassée, ſéchée après avoir été taillée en petits cubes reſſemblans à de l'indigo de Caroline, peſoit une once ſix gros.

Le même jour au ſoir, je plongeai dans deux ſeaux d'eau & dans le même vaſe de faïence, quatre livres & demie de feuilles vertes de Paſtel, & j'y ajoutai de de ſuite une pinte d'eau de ſoude ou leſſive cauſtique des Savoniers; mais cette addition prématurée s'oppoſa tellement à la fermentation, que les feuilles paſſerent à la pourriture, ſans donner un atôme de bleu. Cet accident m'apprit que l'alkali ne doit être employé qu'après le développement de cette couleur, par le mouvement intrinſéque excité dans le végétal par la chaleur de l'atmoſphere & par l'eau.

Je ſubmergeai de nouveau dans le même vaſe, dans trois ſeaux d'eau, cinq livres douze onces de feuilles fraîches de Paſtel en parfaite maturité. La fermentation louablement établie en quatre jours, j'enlevai les feuilles, & je mêlai au liquide ſoixante pouces cubes, ou une pinte & un quart de leſſive cauſtique. Le tout bien agité avec les baguettes, & filtré, m'a procuré deux onces de bonne fécule ſéche, imitant l'indigo.

Les eaux décantées reſtant très-colorées en vert bleuâtre, m'annonçoient contenir encore une fécule; mais elle étoit ſi ſubtile, qu'elle paſſoit au travers du *papier-Joſeph.* J'en verſai dans deux verres coniques, dans l'un deſquels j'ajoutai un peu de la diſſolution d'un gros d'alun de Rome dans douze pouces cubes d'eau. Le tout bien agité, j'ai vu demi-heure après un *magma* bleu, qui occupoit un tiers du verre. L'eau ſurnageante étoit rouſſe; je la décantai, puis je répandis le *magma* ſur un filtre, où il dépoſa une fécule d'un bleu ardoiſé, mais encore d'uſage.

Dans le ſecond verre j'ai verſé un peu d'urine putréfiée, qui occaſionna la même quantité de *magma*, mais de couleur griſe ardoiſée de très-peu de valeur.

J'invite les curieux à joindre, par la

ſuite leurs efforts aux miens, dans la recherche des précipitans, qui altéreront le moins la couleur & la qualité du précipité. Car la quantité du liquide à filtrer pour obtenir la fécule, rend l'opération très-longue & minutieuſe. J'oſe même dire que c'eſt l'unique défaut reprochable encore à ma découverte, car le ſurplus de la manipulation eſt beaucoup moindre que le travail uſité & néceſſaire pour mettre juſqu'à préſent le Paſtel en état d'entrer dans le commerce.

Ces premiers pas faits, je tentai des expériences plus en grand. Je ſubmergeai dans treize ſeaux, ou cinquante-deux pots d'eau, trente-cinq livres de feuilles fraîches & mûres de Paſtel, qui, traitées comme les premieres, me donnerent les mêmes apperçus, & la fécule ſéchée peſa huit onces. Je répétai la même opération avec le même ſuccès, & j'en conclus que cent livres de feuilles peuvent produire environ une livre & demie d'indigo.

Les ſoixante & dix livres de feuilles de ces deux fermentations furent miſes au ſortir des cuves, ſur une *claie* bien aérée, quoique couverte. Lorſqu'elles furent parfaitement ſéches, elles ne peſoient plus que neuf livres. Or, en admettant qu'elles euſſent perdu dans l'eau fermentante, moitié de leur ſubſtance parenchimateuſe, ſoixante & dix livres de feuilles ſéchées au point de former des pelotes de Paſtel, du commerce, en produiroient dix-huit livres, qui, à quatre ſols ſix deniers la livre, prix courant du *vouede* en pelotes, du crû de Baſſe-Normandie, ne produiroient que quatre livres un ſol, ci, 4 ₶ 1 ſ.

Et ces ſoixante & dix livres de feuilles vertes, m'ont procuré une livre d'indigo, qui vaut au moins ſix francs, ci, 6 ₶

Il y auroit donc cinquante pour cent à gagner, en ſuivant le nouveau procédé. L'on épargneroit encore les fraix de voiture, & l'on pourroit cultiver le Paſtel ſur les montagnes où il croît ſpontanément, comme on le voit, de temps immémorial ſur la roche crayeuſe de *Saint-Adrien*, à deux lieues de Rouen. L'on procureroit ainſi aux atteliers de teinture un ingrédient auſſi facile à employer, que le Paſtel en pelotes eſt hazardeux & difficile. Je me propoſe de réduire en pelotes, cet été, le poids de ſoixante & dix livres de feuilles vertes, pour connoître plus poſitivement ce qu'elles en donneront au degré de ſéchereſſe requis pour entrer dans le commerce, & j'eſpere que le bénéfice réſultant du nouveau procédé, ſera plus conſidérable.

J'ai tenté au commencement de Septembre une nouvelle opération ſur trente-cinq livres de feuilles vertes, en obſervant exactement les mêmes précautions; mais huit jours de vent de nord, ayant refroidi conſidérablement la température, la fermentation a langui, s'eſt faite imparfaitement, & la fécule que j'en ai obtenue, n'étoit que verdâtre & de qualité très-inférieure. Il en arrive quelquefois ainſi, même en Amérique, & ce ſont les inconvéniens attachés à l'état d'Indigotier.

Il conviendra donc de ne travailler en Normandie à extraire la fécule de l'Iſatis, que dans les mois les plus chauds, tels que depuis le quinze de Juin juſqu'à la fin d'Août. Mais le climat du Languedoc offriroit de plus grandes facilités. Cela n'empêcheroit pas de travailler en pelotes dans les temps moins favorables. Ce ſeroit ſeulement une reſſource de plus pour le cultivateur intelligent & laborieux.

Si nos Colonies d'Amérique fourniſſoient ſuffiſamment de l'indigo pour notre conſommation, on pourroit objecter que ce ſupplément récolté en France, ſeroit préjudiciable à leur proſpérité. Mais vu que nous ſommes forcés d'en tirer conſidérablement d'Eſpagne & des Etats-Unis, ce que nous pourrons nous en procurer de notre crû, ſera toujours en déduction du tribut que nous ſommes obligés de leur payer annuellement.

Il me reſtoit à éprouver le nouvel ingrédient, par la cuve d'Inde à chaud. Mais comme j'en ignorois le traitement, je m'astreignis à suivre exactement le procédé décrit par M. Hellot, pages 163 à 165 de son *Art de la Teinture*.

En conséquence le 28 Octobre 1787, après midi, j'ai fait bouillir pendant un quart-d'heure, dans une pinte & demie d'eau, un gros & demi de garence, & trois onces de cendres gravelées.

J'ai versé ce bouillon dans un vase de verre blanc, contenant trois pintes & demie, lequel j'avois préalablement échauffé dans de l'eau graduellement amenée jusqu'à l'ébullition.

En même-temps j'ai broyé à l'eau chaude, & le plus exactement qu'il m'a été possible, dans un mortier de verre, trois onces de ma fécule de Pastel, que j'ai versé dans le vase où étoit déja le bouillon. J'ai brouillé le tout avec une spatule de bois blanc, & à quatre heures après midi, j'ai placé ce vase dans un bain de cendres très-doux, pour l'entretenir seulement tiede, au moyen d'une lampe, qui, brûlant dessous jour & nuit, me dispensoit de veiller & d'entretenir le feu. Je n'ai donc été assujetti qu'au soin de pallier ma petite cuve deux fois par jour avec la spatule.

Le trente Octobre, à quatre heures après midi, c'est-à-dire, à l'expiration de quarante-huit heures de son assiette, la cuve a commencé d'exhaler l'odeur d'alkali volatil. Des bulles bleues ont surnagé: bientôt la surface du bain a paru bleue, & en soufflant dessus, il montroit la couleur verte. A sept heures du soir j'y ai plongé un petit coupon d'espagnolette blanche débouillie en eau pure. Cet échantillon en est sorti coloré d'un vert terne, que l'air a rendu bluet & sale.

Alors dans trois quarts de pinte d'eau, j'ai fait bouillir une once & demie de cendres gravelées, avec un peu de son de froment, & j'ai versé ce *brevet* qui a rempli la cuve à un doigt près du bord. J'ai brouillé le tout avec la spatule, & j'ai laissé rasseoir jusqu'au lendemain matin, en entretenant la même chaleur douce, au moyen de la lampe allumée.

Le trente-un Octobre, à neuf heures du matin, la cuve me paroissant en état de travailler, j'y ai doucement plongé une petite *champagne*, & j'ai commencé à teindre de la laine en flocons, des étoffes de laine, des écheveaux de coton, le tout simplement débouilli en eau pure & bien exprimé. Ces objets en sortoient bien verts, & prenoient à l'air un bleu vif, dont l'intensité dépendoit de la répétition des *trempes*.

Le deux de Novembre j'ai versé dans ma cuve un nouveau *brevet*, pareil à celui du 30 Octobre, j'ai brouillé & laissé reposer, puis le trois au matin, j'ai recommencé à teindre jusqu'au cinq au soir, que forcé de partir, j'ai retiré le vase de verre de son bain de cendres. Il lui restoit encore assez d'énergie pour, à l'aide d'un troisieme brevet, l'employer pendant deux jours à des nuances plus basses,

d'autant

d'autant que les dernieres étoient pures, mais seulement affoiblies.

Tous mes échantillons ont bien soutenu les acides & les alkalis. La laine en flocons a été long-temps feutrée sans rien perdre. Un coupon d'espagnolette que j'avois amené au bleu de Roi, a été cousu au bout d'un drap qu'on envoyoit au foulon, à l'action duquel il a très-bien résisté. Il n'y a donc point à douter de l'analogie quant aux effets, de cet Indigo, avec celui tiré de l'*anil* en Amérique. Il ne faut plus qu'opérer en grand; & pour m'en procurer les moyens, j'ai semé vingt perches de terre en Pastel, dont j'espere faire la premiere récolte vers le quinze de Juin prochain.

Je compte chercher aussi par les mêmes procédés, l'extraction de la fécule bleue de quelques autres plantes analogues. Le chou violet, par exemple, quoique traité en Décembre & pendant la gelée, a déposé du bleu sur l'assiette, & en conséquence je m'en suis procuré cinquante jeunes plançons, que j'ai défendus contre le froid, pour les travailler dès qu'ils auront acquis tout leur accroissement.

PÊCHER. (*Amygdalus Persica*). Un Pêcher excru de noyau depuis douze ans, me paroissant mort, je l'ai fait arracher. Ses racines encore vives, étoient revêtues d'une écorce assez épaisse & colorée en rose. J'ai fait cuire pendant une heure, deux onces de cette écorce, qui ont coloré en aurore-rosée, une demi-pinte d'eau, dans laquelle j'ai abattu un gros de laine-vierge pétrie *E*, lavée une fois. Après une longue ébullition, elle y a contracté une très-agréable, unie & solide teinte de canelle fine, rehaussée de rose.

PEUPLIER D'ITALIE. (*Populus Pyramidalis*). Dans une demi-pinte d'eau j'ai fait cuire six gros de brindilles séches de Peuplier d'Italie. Dans ce bain coulé, j'ai abattu un gros de laine-vierge, pétrie *E*, lavée, qui, en un quart-d'heure, sans bouillir, a pris un superbe jaune jonquille, plus pur & moins aurore, que par aucun autre apprêt.

Pour éprouver quel avantage résulteroit de l'emploi du Peuplier d'Italie, réduit en poudre comme la Garence, au-lieu des sept poids de brindilles que je mettois pour acquérir la très-haute nuance, je n'en ai employé que quatre poids en poudre. Après que le bain a été bien tiré & coulé, j'y ai jetté un poids de laine-vierge, pétrie *E*, lavée une fois, laquelle en un quart-d'heure, entre chaud & bouillon, a pris le plus beau jaune aurore.

J'ai tenté de teindre à trois poids, & de la même laine, pétrie & lavée, en est sortie au ton ordinaire de six poids de brindilles séches.

De même à deux poids, il en est résulté un jaune pur, semblable à celui de la *gaude*, mais beaucoup plus solide.

Cette économie est très-importante, non pas quant à la dépense de l'ingrédient, dont l'abondance & le vil prix permettent de le prodiguer; mais à cause de la place qu'il occupe dans les chaudieres quand on l'emploie en bourrées. Je suis persuadé qu'un moulinier à *lizary*, ou même à *tan*, auquel on promettroit de l'emploi pour quinze jours de suite, pour l'indemniser de la peine de nettoyer ses auges & ses pilons, se détermineroit à ce broiement pour trois, ou au plus six deniers par livre de poudre. Alors il faudroit lui fournir des bourrées bien séches de brindilles d'un an de poussure. Si dans l'achat des bourrées vertes on étoit obligé de prendre des branches un peu grosses, il conviendroit de les écorcer, & rejetter le bois uniquement bon à brûler. Il arrive encore que l'on abatte des gros Peupliers d'Italie pour employer en bâtimens. Alors il seroit utile d'en acheter l'écorce, qui, séchée, seroit également mise en poudre. Un Droguiste qui s'annonceroit pour tenir chez lui cet ingrédient, & le vendre à raison d'un sol six deniers, ou deux sols la livre, y gagneroit au moins cinquante pour cent, &

en auroit tôt ou tard un grand débit. La plupart des Teinturiers n'ont point dans leurs greniers assez de place, pour faire provision de bourrées de Peuplier, & beaucoup d'autres aiment mieux n'acheter les ingrédients colorans, qu'à l'instant & en proportion de leur besoin. Mais c'est notamment la place économisée dans leurs chaudieres, qui les flatteroit. On mettroit cette poudre cuire dans un sac de toile claire, avec lequel on l'enléveroit après que la couleur en seroit tirée. Cependant si j'étois à la tête d'une teinture en grand, je préférerois l'emploi des bourrées, qui n'effraient que l'imagination par leur volume, & qui, séchées, sont encore bonnes à brûler. Elles sont très-faciles à retirer de la chaudiere, où elles laissent le bain tout soutiré, & coûteroient quatre à six fois moins, puisqu'on en auroit vingt-cinq livres pour trois sols.

Phytolacca. On connoît la richesse & l'intensité pourpre du suc des baies de cette plante vivace, qui se multiplié aisément de graines dans nos jardins. Quoique je m'en fusse ci-devant très-inutilement occupé, j'ai voulu l'essayer encore par l'intermede de l'écorce de bouleau. J'ai donc fait un bain d'une demi-pinte d'eau, dans lequel j'ai fait cuire pendant une heure, trois gros de cette écorce séche. Ensuite j'y ai ajouté deux onces de baies mûres & fraîches de *Phytolacca*. Ce bain très-pourpre, s'est bien viré en rouge, par la projection d'un demi-gros d'alun en poudre. Mais des laines de divers apprêts que j'y ai abattues, celle $E \frac{1}{16}$, bonne pour les bois, est la seule qui ait pris; & quoi, encore? un jaune chamois, sans reflet, un peu bringé, mais solide. Cependant le bain est resté jusqu'à la fin, du plus beau rouge rosant; ce qui semble promettre plus de succès à celui qui trouveroit un mordant convenable.

J'ai tenté ensuite de teindre en écarlate, par les baies séches de *Phytolacca*, recueillies en 1785, & bien conservées.

A cet effet, dans une demi-pinte d'eau, j'ai projetté à la fois deux gros de ces fruits, broyés avec dix-huit grains de crême de tartre. Le bain très-beau, de couleur de vin de Bourgogne, je l'ai soutiré, pour que la pulpe des fruits ne barbouillât point la laine. La colature, mise sur le feu, & près de l'ébullition, j'y ai versé quatorze grains de dissolution d'étain, qui a troublé & fort amaigri ce bain, dans lequel au bouillon, j'ai abattu un demi-gros de laine d'apprêt $E \frac{1}{8}$, & autant de laine-vierge seulement imbibée d'eau. L'une & l'autre y ont acquis un vilain petit-jaune chamois, sans transparence.

Ce premier bain étant jetté, j'en ai formé un nouveau d'une demi-pinte d'eau, & quatre gros de fruits secs de Phytolacca, sans addition de crême de tartre, ni de dissolution d'étain. Il en est résulté un bain pourpre superbe, mais dans la colature duquel les laines ci-dessus réabattues, ont acquis seulement un chamois, ou jaune-mat, plus intense.

Ces expériences presque négatives, m'ont cependant paru nécessaires à rapporter, pour prévenir la perte du temps; d'autant plus que depuis la publication de mon Recueil, j'ai reçu plusieurs lettres qui m'invitoient à m'occuper de ces fruits, dont on avoit même la bonté de m'envoyer des quantités suffisantes. J'en exprime ici ma reconnoissance & mes invitations à chercher de meilleurs moyens d'en tirer parti.

PLANTAIN à feuilles étroites. (*Plantago lanceolata*). J'ai rencontré le 18 Décembre, quelqu'unes de ces plantes, dont les feuilles étoient encore vertes & en pleine vigueur. J'en formai un bain, dans lequel la laine d'apprêt $E\frac{1}{16}$ a contracté une grisaille-noisette, très-unie, solide, & fort approchante de l'uniforme des *Quakers* de l'isle de *Nantucket*.

Le grand *Plantain* à larges feuilles, cueilli entre fleur & graine, ne m'a fourni aucune bonne couleur.

POLYPODE. (*Polypodium vulgare*).

Dans une demi-pinte d'eau, j'ai fait cuire une once & cinq gros de racines fraîches de Polypode, écrasées dans le mortier de marbre. Ce bain à peine échauffé, a répandu une suave odeur, presqu'indéfinissable, mais participant de l'iris de Florence & de la vanille. Ce parfum diminuoit à mesure que le bain avançoit vers le bouillon, qui le changea en la plus nauzéabonde & désagréable odeur de vieux beurre rance, que l'on feroit brûler sur un *têt*. J'ai abattu dans sa colature grisaille, un gros de laine-vierge pétrie *E*, lavée, qui, peu à peu, jusqu'à réduction considérable, a pris une douce & agréable nuance de Nanquin-canelle.

R

RENOUÉE. (*Polygonum aviculare*).

Dans dix-huit pouces cubes d'eau, j'ai fait cuire une once de racines fraîches de Renouée, lavées, hachées & broyées dans le pilon de marbre. Le bain gris-trouble sentoit la résine, comme celui du *chardon-Roland*. Un gros de laine-vierge pétrie *E*, lavée, y a pris au très-long bouillon, & réduction presque complette, une jolie & solide couleur Nankin très-rosé, telle à peu près que celle qui résulte de la décoction des haricots d'Espagne.

J'ai haché & pilé une livre de feuilles & tiges fleuries de *Renouée*, que j'ai laissé en tas, pour éprouver si elles s'échaufferoient & fermenteroient *per se*? M. *Pinard*, notre Professeur Royal de Botanique, voulant bien continuer à s'intéresser à mes essais, m'avoit envoyé à ce sujet la citation suivante.

« Polygonum Sinense, barbatum, & » aviculare, instar Indigo, cœruleo tin» gunt. Folia siccata & contusa, in pla» centam rediguntur, atque sub hâc formâ, » conservantur & venduntur, pro tin» gendis, tam Serico, quàm Gossypio...

» Rhumberg, flora Japonica, page 167. »

Mais, ſoit diſgrace du climat, ſoit maladreſſe de ma part, la maſſe ne s'eſt point échauffée, elle a moiſi. J'en ai fait cuire dans de l'eau de chaux, & elle ne m'a donné qu'une ignoble nuance de ventre de crapaud.

J'en ai monté une petite cuve, d'après les principes de M. Hellot, pour celle du paſtel en pelotes. Mais malgré mes ſoins attentifs, elle ne m'a point procuré un atôme de bleu. Sa puanteur eſt devenue inſupportable, & je l'ai jettée.

Comme ce travail ſur la Renouée précédoit de quelques mois celui auquel je me ſuis livré avec ſuccès ſur les feuilles vertes de *l'izatis*, ce dernier me ſervira de régles pour les opérations auxquelles j'ai deſſein de ſoumettre l'autre, l'été prochain. L'aſſertion d'un Savant, tel que M. *Thumberg*, mérite bien que l'on cherche à ſe procurer les avantages qu'il promet.

ROBINIA. (*Pſeudo-acacia*). Dans trois

quarts de pinte d'eau, j'ai fait cuire six gros d'ancien gros bois de Robinia, coupé depuis dix-huit ans. Le bain est devenu jaune fauve, & la laine-vierge, pétrie *E*, & lavée une fois, y a contracté en quatre heures de bouillon, un carmélite fauve, bien uni, & fort riche en reflet. Cela prouve que ce bon ingrédient ne dépérit point étant long-temps gardé.

S

SARRASIN DE SIBÉRIE. (*Polygonum Fagopyrum Rugosum*). J'ai rencontré dans les champs une vergée de terre couverte d'un Sarasin à grappes, que j'avois autrefois cnltivé, sous le nom de Sarasin de Sibérie. Comme je ne l'avois point essayé en teinture, j'en demandai une poignée; il étoit alors passé de fleur, & partie des grains bien formés. Je le laissai sécher à l'ombre, puis j'en fis cuire tiges

& feuilles, au poids de six gros, dans une pinte d'eau. Après une heure de bouillon, j'abattis dans la colature de ce bain, couleur de musc, un gros de laine d'apprêt *E* ¼, qui dès l'immersion, y prit un beau jaune, tel que celui que m'avoit ci-devant procuré le *Polygonum convolvulus*. Laissé entre chaud & bouillon pendant un quart-d'heure, ce jaune s'est doré fort uniment. Après encore un quart-d'heure, il a passé à l'aurore; puis voyant qu'il se disposoit à brunir, je l'ai enlevé. Il a bien résisté au savon chaud du feutrage, & à l'immersion dans le vinaigre à froid. Voilà donc encore un bon ingrédient, qu'il est facile de se procurer en abondance, & presque sans frais. Le jaune franc, solide & transparent qu'il m'a fourni en quinze minutes, sans bouillir, sur laine d'apprêt *E* $\frac{1}{8}$, me laisse espérer qu'en le cueillant ainsi un peu avant sa parfaite maturité, l'on jouiroit d'environ les deux tiers du grain, qui dédommageroit des avances de culture. Sa paille abondante qui ne coûteroit presque rien, pourroit économiquement & supérieurement suppléer à la *gaude*, qui occupe la terre, depuis le mois de Juin d'une année, jusqu'à la fin de Juillet de l'année suivante, tandis que ce Sarrasin ne l'emploie que pendant trois mois. Les sécheresses ordinaires à la fin de Juin empêchent souvent la *gaude* de lever : elle exige ensuite, au moins, une fouiture avant l'hiver, & les gelées tardives du printemps, rendent sa récolte presque nulle, si elles l'attaquent lorsqu'elle commence à former sa tige. Reste à savoir si dans des espaces de terrain mises en comparaison, le poids de la paille de ce Sarrasin, équivaudroit en produit net à celui de la *gaude*, tous avantages, frais & inconvénients compensés. C'est de quoi j'espere m'occuper attentivement cette année. Je compte semer en saisons diverses, pour juger laquelle sera la plus favorable à l'accroissement du Sarrasin de Sibérie.

SCEAU DE SALOMON. (*Conval-*

laria Polygonatum). Dans deux tiers de pinte d'eau, j'ai fait cuire pendant une heure, une forte poignée des tiges fleuries de cette plante. Le bain jaunâtre étant coulé, j'y ai abattu un gros de laine-vierge pétrie *E*, lavée, qui n'y a pris qu'une légere nuance de citron-mat.

SÉNEÇON COMMUN. (*Jacobæa vulgaris*). Dans une demi-pinte d'eau, j'ai fait cuire quatre onces de tiges fraîches & fleuries de Séneçon ; après une heure de cuite, j'ai coulé le bain, couleur de citron doré, dans lequel un gros de laine d'apprêt *E* ammoniacal, a pris après une longue ébullition, une jolie nuance de ronce-d'Artois, bien solide.

SUMAC DE VIRGINIE. (*Rhus Virginianum.*) Comme je n'avois point essayé précédemment le Rhus par la préparation d'étain, & que d'ailleurs j'étois curieux de connoître si ce bon colorant étoit de longue garde ; j'ai pris deux gros de celui qui avoit été haché dès 1780, & depuis abandonné dans un sac de papier gris. Je les ai fait cuire dans une demi-pinte d'eau pendant une heure, & dans le bain coulé, j'ai abattu un gros de laine-vierge pétrie *E*, lavée une fois. Elle en est sortie teinte en un beau jaune, tirant à l'aurore. La laine enlevée, j'ai ajouté un verre d'eau au déchet du bain, dans lequel j'ai fait cuire encore deux gros du même bois. La laine y réabattue, a pris un aurore-orangé, éblouissant & fort transparent. Le Rhus est donc un excellent ingrédient qui se conserve aussi bien que la fleur séche de jonc-marin. En attendant donc, que sa multiplication, très-facile en Normandie, en fournisse abondamment nos atteliers, on pourroit tirer de Virginie des billes & grosses branches de ce bois, qui y est fort commun. On le feroit pulvériser dans nos moulins à couteaux, pour l'exposer en vente dans le commerce.

SYLVIE. (*Anemone nemorosa*). Cette jolie plante tapisse nos taillis au printemps, par ses feuilles hâtives & ses fleurs d'un blanc un peu rose au commence-

ment

ment d'Avril. J'ai fait cuire pendant une heure, deux onces de ſes feuilles dans une demi-pinte d'eau, qu'elles ont colorée en jaune olivâtre. La laine-vierge pétrie *E*, lavée une fois, y a pris en une heure de bouillon, un citron clair, qui peu à peu eſt monté au jaune mat, & au très-long bouillon eſt parvenu au ton d'une belle bruniture de jaune.

V

VÉRONIQUE-MALE. (*Veronica Officinalis.*) Dans trois-quarts de pinte d'eau, j'ai fait cuire une once de Véronique mâle, ſéchée à l'ombre. Le bain de couleur de muſc étant coulé, j'ai abattu un gros de laine & étoffe d'apprêt *E* $\frac{1}{4}$, qui ont acquis une jolie nuance de ronce-d'Artois, très-unie & ſolide.

VÉRONIQUE à feuilles de ſerpolet. (*Veronica ſerpyllifolia.*) Dans une demi-pinte d'eau, j'ai fait cuire pendant une heure, une forte poignée des plantes fleuries de cette Véronique. Le bain jaunâtre étant coulé, n'a communiqué à la laine-vierge pétrie *E*, & lavée une fois, qu'une teinte blonde, indéfinissable.

Y

YELLOUVOACK. (*Chêne jaune d'Amérique Septentrionale.*) C'est une substance *ligno-spongieuse*, ressemblante à l'écorce d'un bois à moitié pourri dans l'eau, de couleur ventre de biche, de saveur amere & styptique, comme le *quinquina*.

M. *Bunel*, Négociant à Rouen, chargé de la vente de cet ingrédient, pour compte d'un Américain, qui en a obtenu le privilege pour six années; me pria le 3 Décembre 1785, d'en essayer pour teindre en jaune, sans m'indiquer aucun procédé particulier.

J'en fis donc cuire deux gros dans une demi-pinte d'eau, qui dès la premiere chaleur fut colorée en citron. Je maintins le tout entre chaud & bouillon, pendant une heure, & le bain acquit la couleur de musc. La laine d'apprêt $E\frac{1}{8}$, y contracta au très-long bouillon, un musc solide.

Dans une autre demi-pinte d'eau, je fis cuire à très-petit feu, un gros d'*Yellouvoack*. Le bain devint jaune, comme celui de la *gaude* : la laine d'apprêt $E\frac{1}{8}$, y prit un joli jaune-citron, à peu près solide.

Dans un bain semblable, j'abattis un gros de laine d'apprêt *AT*, qui, en demi-heure à tiede, prit un beau jaune ravenelle, mais fléchissant au vinaigre.

Après avoir encore inutilement tenté d'obtenir par mes procédés, le jaune brillant & solide pour lequel on vantoit cet ingrédient, j'ai demandé l'instruction que l'on distribuoit, & dont je crois devoir conserver ici copie, comme suit. . . .

« Pour teindre cinq cent livres de laine,

» ou d'étoffe de laine, du plus beau jaune » & le plus solide, on peut dissoudre » sept ou huit livres d'étain en larmes » très-fin, dans un mélange d'environ » douze livres d'eau-forte simple, avec » vingt livres d'esprit de sel marin. Deux » tiers de cette dissolution seront mis » dans une chaudiere d'étain, avec une » quantité ordinaire d'eau chaude, à la-» quelle on ajoutera environ huit livres » d'alun, & soixante livres d'écorce écrasée » ou pulvérisée, & pilée dans un sac de » grosse toile blanche claire. Quand la » liqueur commencera à bouillir, il faudra » y passer les pieces d'étoffe, & les teindre » de la maniere accoutumée, plus ou » moins long-temps, suivant le jaune » qu'on veut obtenir, soit pâle ou » foncé (1).

» Quand on a teint environ cent livres

« (1) Pour teindre les nuances pâles, il y auroit peut-être » de l'avantage à mettre dans la cuve des étoffes plutôt » après, qu'avant celles destinées aux nuances fortes ». Note mise au bas de l'instruction publiée.

» de laine, ou d'étoffes, il faut ajouter » à la liqueur, la moitié du reſtant de » la diſſolution d'étain, avec environ deux » livres d'alun; & après qu'on aura teint » une ſeconde quantité de cent livres, » il faudra jetter dans la chaudiere le » reſte de la diſſolution d'étain, avec deux » nouvelles livres d'alun, & teindre les » trois cent livres reſtantes de la même » maniere. Quand on veut teindre une » plus grande quantité de laine, ou d'é- » toffe de laine, il faut mettre dans la » chaudiere une nouvelle quantité pro- » portionnée d'écorce, & de la diſſolu- » tion d'étain très-fin & alun, & conti- » nuer l'opération comme on l'a com- » mencée; mais avec cette différence, » qu'on peut diminuer d'environ un quart » la diſſolution d'étain, pour les dernieres » cinq cent livres de laine, ou d'étoffe » de laine.

» De cette maniere, on ſe procurera » toutes les nuances de la couleur jaune, » depuis le citron le plus pâle, juſqu'à

» l'orange ou l'or le plus foncé, avec beau-
» coup plus de perfection, bien plus de cé-
» lérité & moins de dépense, que par l'em-
» ploi de la *gaude* ou du bois de *fustet*,
» ou tout autre ingrédient; avec cet
» avantage, que le jaune résultant de
» l'écorce, indépendamment de la supé-
» riorité de son éclat, est infiniment plus
» solide, que celui qu'on tire du bois
» de fustet, qu'il résiste au jus de citron,
» vinaigre, &c. ce que ne fait pas le jaune
» obtenu par la *gaude*.

» C'est le moment de dire, que les
» Manufacturiers qui en ont fait usage,
» ont été surpris du brillant de leur cou-
» leur, infiniment supérieure à ce qu'ils
» s'en étoient promis.

Verts.

» Si on desire un jaune tirant un peu
» sur la couleur verte, comme celui de
» la *gaude*, on peut se le procurer au
» degré qu'on desirera, en ajoutant quel-

» ques cuillerées de dissolution ordinaire » d'indigo dans l'acide vitriolique ; & en » ajoutant la quantité de cette prépara» tion d'indigo, toutes les nuances possi» bles des différents *verts*, seront aisément » tirées, & avec grand avantage de la » même cuve, ayant l'attention de com» mencer par le plus léger, & de finir » par les plus foncés.

Oranges.

» Si au-lieu de vert, on veut se pro» curer différentes nuances d'*oranges*, on » les obtiendra de la même maniere, en » ajoutant à la cuve jaune, ci-dessus citée, » une quantité proportionnée de garence, » au-lieu de la dissolution d'indigo. La » dissolution d'étain très-pure par l'eau» forte, telle qu'on l'emploie ordinaire» ment pour teindre l'écarlate, employée » de la même maniere, mais en plus grande » quantité avec l'écorce, produira à peu » près le même effet que la dissolution

» d'étain ci-dessus prescrite, &c. &c. &c. »

J'ai cru devoir insérer l'extrait ci-dessus de cette instruction.

1°. Parce qu'à l'expiration du privilege exclusif, cet objet sera rendu au commerce général, & que des feuilles volantes étant sujettes à être supprimées ou égarées, il est bon de trouver quelque part le procédé que l'Auteur a jugé important au succès du nouvel ingrédient qu'il lui étoit intéressant de débiter.

2°. Pour que le Lecteur puisse mieux juger comment j'ai suivi cette instruction, & à quel à propos je m'en suis écarté.

Il m'a semblé y voir d'abord, qu'elle ne prescrit aucun apprêt pour les laines, & qu'il faut traiter ce bain, comme celui destiné à l'écarlate, en substituant seulement l'alun à la crême de tartre.

En conséquence, réduisant les doses & proportions données pour cinq cent livres de laine en diverses nuances, depuis le *jaune-d'or*, jusqu'au citron le plus clair; voici comme j'ai opéré.

Dans une demi-pinte d'eau, entre chaud & bouillon, j'ai versé dix-huit grains de dissolution d'étain à $\frac{1}{8}$; j'ai fait fondre ensuite neuf grains d'alun de Rome; puis j'y ai fait infuser pendant une demi-heure, un gros d'*Yellouvoack* très divisé. La teinture ainsi tirée sans bouillir, étoit fort légère, mais un quart-d'heure d'ébullitiou, l'a colorée en un beau citron. Cependant outre que ce mélange d'acides a rendu l'extraction de la couleur fort difficile, il a isolé la résine colorante, & l'a réduite en *magma*, dont la plus grande partie est restée sur le linge qui a servi à couler le bain. J'ai abattu dans sa colature ainsi amaigrie, un gros de laine-vierge, seulement débouillie en eau pure, qui, même après une heure de travail au bouillon, n'y a contracté qu'un très-léger citron, queue de serin, qui ne tient point au vinaigre.

Dans une demi-pinte d'eau nouvelle, j'ai fait cuire un gros d'*Yellouvoack*; pendant trois quarts-d'heure sans bouillir, puis un quart d'heure d'ébullition. Le bain est devenu aurore-mordoré, parce qu'à mon avis, rien ne s'y est opposé à la parfaite extraction du colorant. Alors j'ai coulé ce bain, qui n'a rien déposé sur le linge, & dans sa colature j'ai abattu un demi-gros de laine-vierge, & autant de laine d'apprêt *E* $\frac{1}{8}$. Mon but étoit de m'assurer à la fois, s'il étoit nécessaire que la laine fût apprêtée, & qu'il y eût des acides mélangés dans le bain. La premiere de ces laines s'y est seulement salie, & la seconde n'a pris qu'un citron mat. Je les ai enlevées, & j'ai projetté dans ce bain, douze grains d'alun de Rome en poudre, qui ont commencé par l'éclaircir, en isolant quelques molécules colorantes. Les mêmes laines y réabattues, ont acquis des apparences de citron & de jaune. Enlevées de nouveau, j'ai versé dans ce même bain, dix-huit grains de solution *E* $\frac{1}{8}$; & remis au léger bouillon, j'y ai abattu pour la troisieme fois, les mêmes laines, qui ont acquis, savoir;

La laine-vierge, un citron queue de serin, assez joli, mais qui ne résiste point au vinaigre, & qui fléchit même un peu au savon du feutrage.

La laine d'apprêt $E\frac{1}{8}$, un beau jaune d'or, portant un peu, mais agréablement au verdâtre, bien uni, qui résiste à vingt minutes d'immersion dans le vinaigre, & que le savon éclaircit fort peu. Bonne couleur, mais moins éclatante que celle du peuplier d'Italie, qui n'exige ni sels, ni préparation d'étain dans son bain.

Je me suis donc ainsi convaincu,

1°. Qu'il étoit indispensable que la laine ou l'étoffe fussent apprêtées, & c'est ce que n'indique point l'instruction. Reste à voir par la suite, s'il suffira des apprêts *L F* ou *A T*, qui coûtent moins que l'apprêt *E*.

2°. Que le virement du bain par l'alun & par la dissolution *E*, est également indispensable ; & ces certitudes acquises, je me suis occupé des moyens d'en altérer le moins possible l'énergie tinctoriale.

En conséquence j'ai tiré mon bain en eau pure, & lorsque je l'ai vu très-intense, je l'ai coulé, puis viré par douze grains d'alun de Rome en poudre, & dix-huit grains de dissolution $E \frac{1}{8}$; ensuite j'y ai abattu un gros de laine d'apprêt $E \frac{1}{8}$, qui en trois quarts-d'heure de bouillon, a pris une nuance encore plus forte de ce beau jaune, un peu verdâtre & très-solide, que j'estimois disposé à bien acquérir le vert, sur la cuve-d'inde, ou dans le bleu de composition.

Et pour m'assurer du rôle différent que joueroient le jaune d'*Yellouvoack*, & celui du peuplier d'Italie, dans un même bain de bleu de Saxe, ou d'indigo dissous par l'huile de vitriol, je les ai abattus ensemble.

La laine $E \frac{1}{8}$, teinte en jaune par l'écorce d'Amérique, a pris un beau vert-dragon.

La laine $E \frac{1}{8}$, teinte par le peuplier d'Italie, un bel olive tirant au vert.

L'écorce Amériquaine donne donc un jaune plus convenable pour virer en vert;

& le peuplier d'Italie, pour reſter dans ſa couleur naturelle, ſuperbe jaune tirant à l'aurore, & inaltérable.

Or, pour comparer le prix de *revient*, des deux teintures; il me ſemble que l'on peut dire,

L'un & l'autre ingrédient exige le même apprêt pour les laines & étoffes, ainſi rien à employer comparativement . 000 l. 0 ſ.

Les ſels pour virer les bains d'*Yellouvoack*, coûteroient pour cinq cents livres de laine, d'après l'inſtruction; ſavoir,	
Huit livres d'étain fin, grenaillé, ou gratté en rubans, à trois livres la livre, font	24 l.
Douze livres d'eau-forte ſimple, à vingt-deux ſols la livre, ...	13 l. 4 ſ.
Vingt livres d'eſprit de ſel, à cinquante-deux ſols la livre,	52 l.
	89 l. 4 ſ.

De l'autre part, ... 89 l. 4 ſ.

Main-d'œuvre, temps & feu pour faire la diſſolution, . . . 12 l.

Huit livres d'alun de Rome, à quinze ſols la livre, . . . 6 l.

Quatre livres, *dito*, *idem*, 3 l.

Total, cent dix livres quatre ſols, ... 110 l. 4 ſ.

Qui pour cinq cent livres peſant de laine, ou d'étoffe de laine, font par chaque livre, quatre ſols cinq deniers, . . . 4 ſ. 5 d.

Une livre du colorant par livre de laine, pour la haute nuance, telle que celle de l'eſſai ci-deſſus, à onze ſols la livre, prix du Marchand, onze ſols, ci, ... 11 ſ.

Pour le triple du combuſtible conſommé, vu que cette teinture ne peut ſe faire qu'au bouillon, un ſol, un denier, ci, 1 ſ. 1 d.

16 ſ. 6 d.

La teinture d'une livre de laine par l'écorce d'Amérique, coûtera donc, non compris son apprêt, seize sols six deniers, ci, . 16 s. 6 d.

Or, par le peuplier, l'apprêt comme dessus.

Six livres de brindilles de peuplier, à quinze sols le cent pesant, onze deniers, ci, 11 d.

La différence entre les deux teintures est donc à l'avantage du peuplier, de quinze sols sept deniers; mais jusqu'à présent je n'ai pu en obtenir de beaux verts que le chêne jaune d'Amérique m'a procurés.

FIN.

TABLE

ET CLASSES DES COULEURS

Résultantes des Expériences décrites dans ce Supplément.

CITRON.

CRAMOISI.

ÉCARLATE.

GRISAILLES.

M u s c.

N a n k i n, *coton de Siam*.

N o i r.

VIGOGNE.

VIOLET.

Fin de la Table des Couleurs.

TABLE DES MATIERES.

Fin de la Table des Matieres.

www.ingramcontent.com/pod-product-compliance
Ingram Content Group UK Ltd.
Pitfield, Milton Keynes, MK11 3LW, UK
UKHW020225220726
13923UKWH00002B/517